大麻草解体新書

大麻草検証委員会 編

明窓出版

はじめに

大麻草検証委員会　代表世話人　森山繁成

現在、日本で施行されている大麻取締法（規制植物大麻草＝大麻＝麻）は、メディアの報道や司法裁判の現場を検証した時に、問題山積の法律と言えるでしょう。先進諸外国の研究検証に基づく規制緩和、非犯罪化の流れからすれば、日本の大麻取締法は大変な時代遅れの法律になっており、現代においてはまったく不条理なものなのです。

その原因は、出典が不明、不確かな見識違いの情報を、国家行政機関、外郭団体が国民に発信している事であり、その情報が基でほとんどの国民が「大麻は痲薬である」という見識違いの概念を持っているのです。

規制の根拠が不透明な法律の下、大麻草の栽培、所持は厳しく規制され、違反者は、司法裁判の判決で、痲薬を栽培所持したのと同等の厳しい処分を言い渡されます。それにより、違反者は社会的に犯罪者というレッテルを貼られ、本人も家族も、大変に厳しい状況下に置かれる事となります。しかし実際は、大麻取締法違反事件における被害とは、大麻使用による害ではなく、逮捕・勾留・起訴された市民やその家族が被る《こうむ》人権侵害のみである、といって差しつかえないものなのです。

本来、大麻草＝大麻＝麻は太古より人類に有用されていた植物であり、大麻取締法が施行される前までは何の規制も無く、むしろ国家から栽培を奨励されていた植物です。
厳しい法規制で取り締まらなければならない植物ではありません。

先進諸外国でも、過去には痲薬性成分含有植物と同等の規制植物として扱われていましたが、近年は大麻草の薬効が研究検証され、現在は痲薬性成分を含まない植物として認知されると共に、実は人間に有用な植物と理解されています。その研究成果を基に法改正を行い、医療、嗜好、食糧、建設資材、生分解性プラスチック、軽質燃料などの様々な活用の道が開かれ、資源循環型社会には必須の植物として、扱われ始めています。

私たち大麻草検証委員会は、こうした海外での取り組みをはじめ、各界の識者の意見、海外での最新の研究情報等の発信と周知に努め、法改正に向けての世論喚起を目的に、それまでも精力的に啓蒙活動を行って来た個人、団体等が、初めて一致団結して設立されました。

今後、同委員会は、一刻も早く人権侵害を止めるため、様々な活動を通じて立法府や国家行政機関に、時代に即応した法改正を速やかに行うよう訴えていきます。

さて、同委員会の記念すべき第一回目のセレモニーとして、２０１０年10月17日、「麻と人類文化を考える国民会議１０１７」が開催されました。大麻草についてより深く学び、理解者の和を広げるため、おおぜいのスペシャリストによる熱い講演や座談会が繰り広げられました。また、栃木農業高校の麻による地域おこし活動の発表やライブ演奏など、麻びらきにふさわしい、真面目ながらも明るく楽しいイベントとなりました。

当日の感動をより多くの方々と共有するため、講演、研究発表などを書籍化したのが本書、「大麻草解体新書」です。

本書を手に取っていただいた読者様に感謝をすると共に、この内容を少しでも広めていただければ幸いです。

◎大麻草解体新書　目次◎

Part 1

大麻草検証委員会世話人による講演

&

大麻草を研究する高校生による研究発表

基調講演「大麻問題を科学的・論理的に考える」　武田邦彦

中部大学教授
高知工科大学客員教授、多摩美術大学非常勤講師、上智大学非常勤講師
内閣府原子力委員会専門委員、同安全委員会専門委員

本日の講演の題目は、難しい題名がついていますけれど、日本人が日本人に戻る事が大切だという意味で、このような題名をつけさせていただきました。

さて、私は「大麻ヒステリー」（光文社）という本を書きまして、その時に今日も来ておられます方にいろいろと教えていただきました。

大麻の事を話す時は、いつもここに示します清水さんという画伯の方が書かれた戦前の絵を出します。これは大麻を収穫している時の絵で、当時の日本では、大麻は普通に栽培されていました。大正時代には、一面に広く畑が連なっておりまして、大麻は生育すると

2メートルぐらいになる植物ですが、カマで刈り取ったり、引き抜く事もあったようです。収穫は、7月の終わりから8月の初めくらいに集団でしました。

今日ではこんな風景は見られませんが、それは大麻が法律で禁止されているからです。どうして日本で大麻が禁止されているか、本当に不思議ですね。

だって今から100年前くらいには、この絵のように日本中に大麻があったのです。それなのに、最近では大麻と言うだけで、みんなビクビクしているのです。だれに言っても、「武田先生、なんで大麻なんですか」なんて言われてね。

考えてみればおかしいですよね。100年前は日本には普通にどこにでもあったし、禁止もなにもされていなかったのに、なんで突然、こんな事になっちゃったのか。誰が突然そうしたのかと不思議です。これほどの大きな落差がというのは、そうそう日本には無いんですね。誰が大麻を禁止したのでしょうか。

実は、昭和40年の4月に、林さんという、後の法制局長になる人に、占領軍、つまりGHQが、大麻を禁止しろと指令してきました。それを、林さんはよく理解できなかったわけです。なにしろ、大麻というのは毒もなにもなく、普通に栽培して使っていたのですから。大麻を禁止しろなんて言われても、意味が分かりませんでした。

大麻の「麻」という字は、植物ですから「まだれ」になっているんです。その中に「林」という字を書く。それに対して痲薬の「痲」というのは痺《しび》れるという字ですからね。こちらは人間の病気ですから「やまいだれ」です。それが痲薬ですね。

痲薬の痺れるという字と、植物の麻という字と間違えたんじゃないかという事で、林さんが部下にお前ちょっとGHQに問い合わせてこいと言って行かせるんですね。

部下が進駐軍の所に行きまして、「あなた方は漢字を知らない。大麻の麻と言うのは麻で、植物である。痲薬の痲は麻と似ていてあなた方には分からないだろうけど、植物の麻だから全然違うんですよ」と言ったのです。まあ、言ってみれば運悪く似ているというだけです。アメリカの係官は、「違う、それは分かっているんだ。ヘンプというのは大麻なんだ。麻だけど禁止するのだ」と言ったんですね。日本の２０００年間の歴史で、「大麻は禁止」と言ったのは、この瞬間が初めてですから、日本人の口から出たのではないのです。

それで昭和23年に大麻取締法というのができました。ただ、大麻が痲薬かどうかははっきりしていなかったので、痲薬取締法とは別に大麻の法律ができました。大麻というのは、日本人が規制したものではないんですよ。アメリカ人が規制したんですね。アメリカ人が占領時代に規制しました。占領時代なら日本が負けたから仕方がないですけれど、日本の政府の判断ではありません。

ところがもう一回、サンフランシスコ平和条約で日本が独立した時に、この法律をやめればよかったのに、まあまあいいやという事で残しておいて、そのうち、よく調べもせずにマスコミが大麻は痲薬性があるとか言い出して、今度は芸能人が逮捕されたとか何とかいうのがあって、今ではすっかり痲薬であるかのように定着してしまいました。情けないですね。日本人は自分で判断しないのですから。

大麻禁止というのは、日本にとっては占領されていた時に強制されたもの、まったく濡れ衣みたいなもので、早く日本人も自分たちの祖先の事とかを考えてもらいたいなと、私は思うのです。

次に、それではアメリカはなぜ大麻を禁止したのかを見てみます.

第二次世界大戦が1914年から1918年にかけて起こります。今からちょうど100年くらい前です。まだ戦争ばっかりやっていた時代なんですけれども、その時代、1917年に禁酒法というのができます。アメリカの禁酒法というのは世界的に有名で、禁酒法ができた理由には、いろいろな背景があるんですね。

アメリカ人というのはもともとイギリスの方からやってきました。すごくひどい状態で、やっとやっとアメリカに上陸して、寒いところでぶるぶる震えていたわけですよ。そして、やっとアメリカ合衆国を建国して100年くらいたった。そうしたら、移民が来たんですね。特にドイツの移民が来たのです。ドイツの移民は街頭で酒を飲む。それまでアメリカ人は街頭では酒をあまり飲まずに、家とかパーティーの時だけに酒を飲んでいたのに、ドイツ人が来て街頭でビールを飲む。ワインならキリストの関係もあるので大目に見る事ができますが、ビールとウィスキーも飲む。それがけしからんという事になっている時に、第一次世界大戦が始まる。あのころのアメリカは孤立主義といって、アメリカはアメリカだけでやっていくよという主義だったので、あまり戦争には加担したくないんだけど、やっぱりドイツは敵国。敵国の連中がビールをどんどん飲んでいるとだんだん腹がたってきまして、酒を禁止しようという事になった。

でも、日本で「禁酒法」と言いますと、酒を全部禁止しているように思いますが、そうじゃないんですね。さすがに酒を全部禁止するというのはおかしいですよね。確かに酒を飲むのが嫌いな人も世の中にはいますけれども、例えばお酒を自分の家で造って、寝る前に一杯やって誰にも会わずにぐっすり寝た人が、お前それは犯罪だと言われると、犯罪とは一体なんなのかという事になります。

少なくとも、他人に少しは迷惑をかけていないと犯罪は成り立ちません。だからベッドの横で一杯飲んで寝たら犯罪だと言われたら、それはいくらなんでもおかしいじゃないですかと言いたくなるので、禁酒法というのは飲む事自体は禁止しない。輸送、販売等を禁止したのです。

それでもやっぱり禁酒法は成功しませんでした。1917年にできて禁酒法を施行したんですが、得をしたのはカポネですね。アウトローのアル・カポネ。だいたい無理な事をしますと、無理が通れば道理が引っ込むというんです。禁酒法なんてむちゃくちゃなもの作ったものですから、その結果、何が起きたかというと、一般の人は酒を扱えない、酒屋さんが扱えないわけです。誰が扱うかと言ったらギャングです。それでアル・カポネが大親分になってアメリカ中の酒を売って、大儲けしたんです。それで、ギャングがものすごく育っていった。

禁酒法というのは本当におかしいんですよ。たとえば、イエス・キリストという人は割と大酒飲みなんですね。それでイエス・キリストはお酒を飲んでいるのにお説教などしてといって、皆が非難したんです。あいつは坊主のくせに酒なんか飲んでいるという事です。

それに対してイエス・キリストはどう言っているかというと、いやいや、神様からもらった命だから、美味しく食べ、酒も飲もうじゃないか、心の中の信仰が大切なのだと言われたのです。神様に対して敬虔《けいけん》である事、神を信じる事が大切なんだといっているんですけれども、やっぱり時代がだんだん進んできますと、神様の事を忘れちゃって、キリスト教の国がついつい禁酒法なんか作っちゃったんです。

キリスト教の教会へ行きますと、なんといっても神聖な飲み物といえばワインですからね。あれはアルコール入ってないの？　と言いたくなっちゃいますけれども、ワインを神聖な飲み物とするアメリカが禁酒法を作ったというのは面白いですね。日本人が大麻を取り締まるようなものです。

まあ、人間の心というのはそういう事より妬みが強いんですよね。ヨーロッパからの移民への妬みが強い、それが禁酒法になったのです。

ところが、禁酒法というのはあまりにひどいから、わずか16年ぐらいで法律がなくなっちゃったんですよ。それで困ったのがアイスリンガーという人ですね。この人は根はどうだか分からないのですけど、役人で禁酒法の取り締まりの先頭に立っていた人ですね。禁酒法の取り締まりというのは容易ではなかったんです。どうして容易ではなかったかというと、国民全部がお酒を飲むのを規制するんですから、それを見張っているというのは大変です。それに、取り締まる相手はギャングです。取り締まる連邦警察、つまりＦＢＩがギャングと戦い、時には殺される。アイスリンガーにしてみれば、禁酒法を守るために自分の部下が殺される。しかもおおぜいの捜査員がいるわけです。なんで大量に捜査員がいるかというと、酒屋の数だけいるんですから大変です。

実際には、お酒がカナダあたりから密輸されてくるので、それを止める。それで苦労して苦労して、やっと法律が定着しかかったなと思ったら、１９３３年に廃止になりました。１９３３年という年は、歴史の好きな人はご存じの通り、ちょうど第一次世界大戦と第二次世界大戦の間、ドイツにヒトラーが登場する時です。つまり、第一次世界大戦後の世界のひずみが調整できないで、ドイツにはナチスができるし、日本も満州を攻めていて国連を脱退する、そういった大きな変化の時代だったんです。

禁酒法が廃止されると、大量の捜査員が失業してしまった。アメリカは日本の警察みたいに終身雇用ではないので、解雇されてしまうんです。

アイスリンガーにしてみれば、それまでは禁酒法に命を懸けてアメリカの秩序を守ってきたのに、突然路頭に迷う部下がでる。それで、代わりになるものは何かないかと探したのです。

第一次大戦と第二次大戦の間のアメリカ、つまりその時代のアメリカにはメキシコの方からスパニッシュ系の人が移民してきました。当時のニューオリンズとか、テキサスなどに移民が来るんです。彼らは麻薬を吸う。それはもちろん逮捕されました。

日本にいると考えられませんが、麻薬を吸う事が悪いと言っている国は世界でそんなに多くないんです。探偵小説がお好きな人はイギリスの探偵小説、シャーロックホームズを読まれると、当時のイギリスにはヘロイン、コカインを吸う場所というのがあるんです。そこにシャーロックホームズが行って、ホームズは麻薬常習者なんですけれども、吸うわけですね。つまり社会から隔離して痲薬を吸うところがあったという事です。

もちろん、イギリスのような北の国というのは非常にストイックで、精神的にちゃんとしているので、あんまり痲薬などには手を出さない。南米あたりに行きますと、この前のチリの鉱山のケースでもそうですけれど、陽気ですからね。別に人生麻薬でも使って楽しく過ごして何が悪いんだ、という考えもあります。南の太平洋の島もそうなんですよ。太平洋の島の生活を想像してみれば分かります。今から1000年ぐらい前は、もちろんテレビなんかありませんでした。

太平洋のタヒチとかツバルでは、畑を耕す必要がないんです。口を開けていればバナナが落ちてくる、海に出れば魚がとれる。だから、毎日暇でしょうがないんですよ。暇だからどうしようかなという事で、麻薬が一番いいというわけです。日本人でも、6時になると「飲み放題」に行くなどはいっしょですね。今日も、大麻のイベントが終わって時間があるから、10時頃までビールでも飲みたいというのといっしょで、そんな感じで麻薬を使っていたわけです。だからといって、国が乱れたわけでもなんでもないんです。

別に人間なんて、麻薬があるからどうっていう事はないんですよ、それが歴史的事実です。痲薬というのは、100年前に規制が始まったんです。人類はそれまで600万年生きているのに、痲薬はなんでもなかった。でも、人間が頭で考えるようになって、突然100年前から規制を始めたんです。

今日の話題は大麻で、大麻は痲薬ではないので痲薬の話をしてもしょうがありませんが、そういう事です。

話をアメリカに戻しますと、「大麻課税法」というのが1937年にできます。禁酒法が終わって4年たった時にできるんです。大麻の課税には大々的なキャンペーンがありました。

皆さんの中でも、大麻の映画を見られた方がいると思います。話がずれると混乱しますけれども、ダイオキシンの騒ぎに似ています．あの時にベトナムのベトちゃん、ドクちゃんというダイオキシンに関係のない奇形児を連れてきて、彼らはダイオキシンの被害者だと報道した事がありました。それと同じですね。

人間というのはおもしろいんですよ。ある事を悪者に仕立て上げる時には、全然別の事でもいいんです。ガンが怖いとなると、肺結核で死んだ子供を映す、こういう手口がしょっちゅう使われます。この時もそうでね、大麻を使うと凶暴になるという映画が多くできました。宣伝映画では、大麻を吸うのは全部白人なんです。事実は、スパニッシュ系の人が大麻の煙をもうもうと出しているのが嫌なんです。今の禁煙運動といっしょですけど、理屈は別にして、ただ嫌なんです。嫌だから排斥したんです。だけど、黒人とかヒスパニアが吸ってるのを映画にしても訴える力が弱いので、白人が大麻を吸う映画を作る。それも嘘です。本当は吸っていないのに吸っているふりをする。するとその人が凶暴になって、映画では目がクルクルクルとなって髪の毛が逆立って、人を殴る。そんな映画をドンドン作るんです。そうすると人間はコロッとだまされて、あ、大麻を吸うと大変なんだ。目がクルクルクルとなって髪の毛が逆立って、人を殺すんだと思うのです。バカな話です。

そんな映画を作って、1937年に大麻課税法ができます。この時は禁止ではないんです。やっぱり、禁止するにはアメリカのような民主主義の国では難しい。禁止法はいけないから課税にしようといって、課税法にしましたね。ただ、その課税が、今の一億円ぐらいかかるという事だったので、実際には大麻を吸えないわけです。結局、禁止になりました。

それで、大麻課税法を作ったアイスリンガーはほっとして、後に勲章をもらいます。

さて、第二次世界対戦が終わった1945年、日本が占領され、1948年に大麻取締法が日本にできるんですね。ですから日本の大麻取締法というのは、実は1913年にできたアメリカの禁酒法と繋がっているんです。禁酒法ができてそれがダメになり、その代わりとして大麻課税法ができる、その次に日本がアメリカに負けて占領される、そしてアメリカでできたてほやほやの大麻取締法が日本に移設される、そういう過程なのです。

歴史に「例えば」は無いんですけれども、禁酒法がなければ、またおそらく日本が戦争に負けていなければ、日本の大麻は禁止されませんでした。それに、禁酒法が続いていたら大麻課税法も無かったですから日本の大麻取り締まりはありません。

だから、日本の大麻取締法というのは、非常に特殊な環境で生まれたんです。日本が戦争に負けたから「毒物」になったというのは、いかにも奇妙です。

こういう事を知っていたら、大麻を吸って悪いなんて言う人はいませんよ。「お前、お酒なんてとんでもないもの飲んでるの」と目くじらを立てて言うのと同じ事なんです。

大麻とアメリカという点で次に出てくるのは、アメリカのニクソン大統領です。ニクソンというのは別に悪い大統領ではなくて、顔が悪いだけです。政治はそんなに悪くなかったんですけれども、ウォーターゲート事件でやられましたね。彼は法と秩序を掲げて再び大麻の取り締まりに乗り出します。大麻取締というのは、常にそういう政治的な背景を持って進められたものであって、実際に「痲薬性があるか」という科学的な検討では常に「シロ」だという特殊なものなのです。

ところで、「文化」というのはなかなか人類全体では考えられないんです。その国によって価値観が相当違うんです。先ほど言いましたように、「麻薬がどうして悪いのか。まったく問題はない」という国がいくらでもあるんです。

日本人は痲薬をほとんど使わないですけれども、しいて痲薬性のものをあげれば、日本人みたいに落ち込みやすい民族が使うのは二つで、アルコールとタバコなんですよ。この二つだけは日本人は昔から使うんですね。もちろん日本にはヘロインもコカインもアヘンもありましたが、規制が無かったんですよ。日本でわずかにあったのは、安土桃山時代にタバコの規制法ができたんですね。日本人はタバコとお酒は使いたくなるんです。その理由は、日本人はうつ病になりやすいからです。気分がふわっとするものを好むんです。日本人が落ち込む麻薬なんか飲んだら、気持ち悪くてしょうがないんです。さらに落ち込みますから。

ところが南米あたりの人は落ち込むぐらいがちょうどいいんです。傾向としてはハイになりすぎるから、とにかく精神を押さえなきゃいけないんです。だからヘロインとかコカインとかを使うんです。

日本には、中国でアヘン戦争というのがあったので、アヘンがいくらでも入ってきたんです。あの当時、日本にはアヘンの禁止法は無かったんですね。無いけど吸わなかったんです。だから日本では、本当はアヘンなんか規制しなくても大丈夫なんです。

なぜ日本人は元来、豚肉や牛肉を食べなかったのか。中国料理というと豚肉は絶対に使いますね。牛肉もけっこう使う、牛肉とピーマンの炒めとか出てきます。

だから、豚肉にしても牛肉にしても、お隣の国の中国から来ていたわけです。律令制度から政治体制から、技術から文字から、来ていました。文字は、全部中国からです。漢字はどんどん使ったのだから、豚肉も食べてても当たり前のように思いますが、食べなかったんです。なんで日本人が豚肉を食べなかったのか、牛肉を食べなかったのか、今日はテーマが違いますから詳しくは言いませんし、皆さんにお考えいただきたいんですが、日本人は相当違うんですね。

以上のような事が、大麻というものを議論する時の基本的なスタンスです。

私のスタンスは、ヨーロッパ人とか中国人と、日本は違うという事が根底にあります。他の国の事は、その国民が考えればいい。日本は日本人という国民性と文化の中で、では大麻はどうなのかと考えなければなりません。私は日本文化、日本人という事を十分にふまえた上で、大麻というものを話さなければいけないと思います。

日本というのは、非常に珍しい国なのです。日本国という「国」があるのは珍しいのです。世界で、本当の意味で「国」があるところというのはめったにないんです。もちろんアメリカは300年前にできたけど、国じゃないんです。宣誓しないと国民になれない。また、中国も実は国じゃないんです。あそこは中国という地域を言っているだけで「国」はないんですね。国がないという証拠があります。国があれば、軍隊が国を守りますから、住民はお城や城壁の中に住む必要はありません。でも多くの国では、必ず城壁の中に住民がいるんです。日本みたいに、お城の中には殿様が住んでいて、外に住民が住んでいるなんていうのはなかなか世界ではないんです。

どうしてないのかというと、普通は国がないからです。国がないので、お城の外に住んでいると、夜中に殺されちゃう。中国もそうですけれども、ヨーロッパも国がないですね。貴族の領地があるだけで、国がない。簡単に言うと、城壁の中に住んでいるんです。

驚くべき事に、中国でもつい最近までは、夕方の何時になるとお百姓さんが帰ってこなきゃいけなかった。城壁が閉まってしまったら、もうそこで死ぬしかないんです。閉まる前に駆け込むんですね、城壁の中に。城壁の中というのは、日本と違って殿様がいるところではなくて、住民が住む所なんです。

どうしてそうなっているかというと、国がないから、警察がいないからそういう事になっているんですよ。それが世界のほとんどです。そういうところと日本を比べて議論してもだめです。日本人は遠くに殿様のお城があったら安心して住めるんですけど、こんな国は日本以外はほとんどない。その中で、大麻とかいろんな文化が進んできたのです。

これは、江戸の上野の不忍池です。江戸の末期ですが、綺麗なもので、す。今はひどい事になっていますよ。池は汚いし、周りの土は全部コン

クリートになり、全然だめですが。江戸の末期は大変素晴らしかった。

江戸末期の日本の農村の子供たちは、貧しいと言えば貧しかった。でも子供たちの写真を学生に見せるとみんな言いますよ。「昔の子供はみんな幸せそうですね」と。今はそれくらいの子供といったら大変ですよ。塾に追いまくられて、お母さんに怒られてね。こまめに電気を消しなさいなんて怒られて、その頃はそんな事はなくのびのびやってますから。やっぱり顔つきが違いますね。

最近は山手線なんかに乗ると、昔だったら箸が転んでも笑うという17、18歳の女の子が僕を睨みつける事があります。ひどい話になったもんですけど、まあ昔の日本というのは素晴らしい。

じゃあ、昔の日本に来た外人がどう思ったかという話を、3つぐらい紹介します。

ハリスという有名な駐日アメリカ大使がいました。1857年江戸時代末期ですね。日本人の事を次のように言っています。

「皆よく肥え、身なりもよく幸福そうである。一見したところ、富者も貧者もいない。これがおそらく人民の本当の幸福の姿というものだろう。私は時として、日本を開国して外国の影響を受けさせる事が、果たしてこの人々の普遍的な幸福を増進する事になるかどうか疑わしくなる」と。

まあ、アメリカから来てみたら、日本という国はものすごくいいじゃないか、金持ちも貧乏もいないし、みんな幸福そうだし、ニコニコしているじゃないかと。それなのに、僕らはアメリカの文化の方が正しいと主張しているのですから、とんでもない事です。

次のカッテンディーケというのはオランダの技師で、勝海舟に船の操舵を教えた人です。

「日本人が他の東洋諸民族と決定的に異なる特徴のひとつは、奢侈《しゃし》贅沢に執着心をもたない事であって、非常に高貴な人の館ですら簡素、単純きわまるものである。すなわち、大広間にも備え付けの椅子、机、書棚などの備品が1つもない。」

この観察はなかなかおもしろい。「他の東洋諸民族は」といっていますが、西洋はもちろんの事、だいたいベルサイユ宮殿に行って喜んでいる人はおかしいんです。あれは、みんなから税金を取り立ててシャンデリア等を山ほど飾っているんです。中国もそうですね。別に中国を非難するわけじゃありませんよ。他の国の貴族のところに行くと、パリもそうだしモスクワもそう、東洋でもみんな豪華絢爛なんです。

ところが、日本に来てみると大名でも板敷きの所に座っている。部屋には家具など何にもなくて、ご飯というと、お膳を持ってくるのです。これは、どういう事なんだ、とびっくりしているんですね。つまり、権力のある人でも、非常に高貴な人々の館ですら、質素単純きわまりないものである。何も飾るものがない。これが日本文化だったんですね。

最近は僕らもすっかり西洋文明に毒されて、狭い六畳くらいの部屋に応接セットなんて置いてるんですね。壁伝いに横に歩いている。まったくひどいものですね。ハリスが言ったように、日本という素晴らしい文化の所に変な西洋文化を持って来てしまったからこういうふうになった。

次は、モースという人が明治2年に横浜に来て、東京で二枚貝の研究をしていました。彼は貝塚で有名ですね。モースは次のように書き残しています．

「私は部屋の鍵をかけずに机の上に小銭を置いたままにするのだが、日本人の子供や召使いは、一日に数十回出入りをしても、触っていけないものには決して手を触れぬ。」

これが実は、今日の主題の大麻と日本の関係の一番ポイントじゃないかと思うんですね。

モースは絵を残しています。和室に和机があって、その上に本とお金がおいてあるんです。そこはふすまも開けっ放しになっています。召使いがいますけれど、あの頃の召使いは貧乏ですね。子供はおなかが減っているんです。この事が絵の伏線です。

つまり、お金がない人とか、腹が減った子供ですら、目の前のお金を見ても盗らない。たぶん、そんな事は、世界で日本だけですよ。僕もずいぶん世界に行きましたけれども、どこでも盗られます。日本では、今でも盗られません。僕は大学にいますけれども、教授室にお金がおいてあっても学生は盗りませんよ。かえって学生には「先生、こんな所にお金おいていていいんですか」と注意されます。

日本人は「してはいけない事はしない」という規律がシッカリしている．現代でも「してはいけない事をしない」は大丈夫で、その例が2つあげます。1つは自動販売機。自動販売機は、子供でも100円を入れたらジュースが出てくるのでけしからんという人がいますけれども、実はそうじゃないんです。自動販売機は無防備。日本以外の国ではすべて金網を張るんです。金網を張らないと必ず割られるんですが、日本ではまず、割られないんです。だから、日本だけは人のいないところにでも自動販売機を置けるんです。日本というのはものすごい国で、ジュースを飲みたくても、それよりも道徳の方が大切ですね。つまり、工具を持ってきたら、販売機を壊すなどしてジュースを盗れるのに盗らない。これが、日本の文化なんですね。だから、痲薬があっても絶対大丈夫なんですよ。アヘンなんかいくらあったって吸っちゃいけないものは吸わない。日本人というのは、そういう自立心がちゃんとできてるんです。

今でもたいしたものなのは、現金書留です。現金書留というのは、「お金が入っていますよ」という封筒なんです。しかもデザインが派手にできています。

でも、郵便配達の人は貧乏かも分からないのに、それでも現金書留の中からお金を抜かない。僕なんかこの年になるまで、現金書留はほとんど届いていますね。日本は到着率がダントツなんですよ。99、3%だったかな。なにしろほとんど届きます。こんな事は奇跡ですね。国によっては届く事自体がおかしいんですから。ロシアなんか30%と聞いています。この方がまだ当たり前でしょう。だからロシアの常識で日本を決めてはいけないんです。

また、今でも日本の犯罪率は世界最低です。世界にこれだけ国があっても最低ですね。10万人あたりの殺人数、0、66人というのはものすごく少ないんです。我々にとってみれば、昔に比べて今はずいぶん危険になりました。子供の頃は僕は東京に住んでいましたが、昼は玄関を開けていましたよ。だいたい昼間は、玄関を開けるようになっていないといけない、鍵をかけるようになったら終わりですよね。玄関ぐらい、開けておいたっていいんですよ。入ってくる方がいけないんですから。

だけどひどいのは、調査によると現在の日本の高校生の倫理はというと、世界最低なんです。パソコンで性的場面がでてきたら嫌な気分がしますが、日本の高校生は嫌ではないのです。

それから、先生が注意しても言う事をきかずにぺちゃくちゃしゃべってもいいかという質問に、いいと答える生徒が80%もいる。少なくとも統計上は、現在はアメリカや中国と比較しても、日本の高校生の倫理が一番低いんです。そういう点も考えて、日本の古来の文化を保つようにしなければなりません。

次の絵は「江戸の銭湯」です。日本では江戸から明治になるまで混浴だったんです。おばあちゃんだけじゃなくて、若い女性も全部混浴。混浴でも平気なんですよ。中にはロープが一本引いてあるところもあります。こっちが女、こっちが男。それは、女性が髪を洗うのは男性と相当違うので、施設上の問題です。どうしてこういう

事が平気だったのかというと、女の人に羞恥心がなかったのかというと違うんです。昔の日本の男は偉かったんです。お風呂に行った時は、女性の方を絶対に見ない。男性だから見たいという気はありますよ。だから、女性の裸を見たいからというので、お風呂を上がったら吉原に行ったわけです。ちゃんと時と場所をわきまえている。

前述のモースという人が日本に上陸してからしばらくたって、いっしょに来た女性のドクターと、江戸の町を人力車に乗っている時です。道ばたで若い女の子がたらいで風呂に入っているわけです。もちろん真っ裸ですね。モースがびっくりしてそっちを見るんです。それで、女性が裸で入ってるぞというと、その女性が恥ずかしがって背中を向けたんです。そこでモースがこう書いています。

「私たちはまだ、多少の教養があって、女性の裸を見てはいけないという気持ちが起こるかもしれない。しかし、日本人が偉いのは、我々の人力車を引いていた人夫二人がまったく女性の方を見なかった」

それでびっくりしたんです。日本の文化というのは素晴らしかったのです.

日本文化の話になりましたが、大麻の事ももう少し話さないといけません。

大麻は痲薬ではありません。痲薬ではないけれども、痲薬だったとしても規制する必要はなかったのです。日本人はそんなに心が貧弱な民族ではなくて、ちゃんと自分自身で自制できる。自然の中で人間がどう生きるべきか、どの辺に限界があるか、という事が自分自身で分かる民族なんです。それは先ほど言ったように、我々は日本国という国というものの中にいるからです。日本国は日本人がいて、天皇陛下がいて、守ってくれると思っているんです。天皇陛下は毎日毎日、日本人が不幸になるな、国民が不幸になるな、と祈ってくれているんです。こういう事で、日本人というのはお城の外に平気で住んでいるんです。

そういう民族が、どういう行動をとってきたか。大麻はもちろんの事、他の麻薬も1923年に世界で麻薬に関する条約が結ばれて、一応日本も参加したんですが、日本が自分でこういう薬物の禁止に出たというのは、アメリカに強制されたからです。

だからといってアメリカ人が悪いとは言っていない。アメリカ人を非難する気はない。文化が違うだけです。アメリカ人は、悪い事は規制しないと自分では我慢ができない民族なんです。だから、法律で規制するんです。日本以外では、現金書留のような制度ではお金が相手にとどかない。自動販売機も、防御なしでは自由にはおけない。アメリカ人にそう言うと、防御しない方が悪いと言います。ピストルを持て、と。でも、日本人は金を盗る方が悪いと言うんです。もともとが違うんです。だから、別にアメリカ人を非難しなくていいんです。日本には日本のやり方があるんだから。日本にはそんな規制なんかいらないんだ。そういう感じで物事をとらえなければいけないいんじゃないかと思います。

日本人は日本人に戻った方がいいんじゃないか、そうしたら昼間玄関の鍵も開けておけるようになる。

最近は、ひどくなりましたね。「子育て資金」というのがありますね。あの子育て資金が必要かどうかは別にして、僕はショックを受けました。どうしてかというと、お母さんが子育て資金をもらって、封筒から現金をだして、子供の目の前で数えているんです。いやもう、あれを見てひっくり返りました。だって現金を数えるならトイレに行ってくれと言いたい。そして、お母さんは何もやってないんですから。お金をもらってはいけませんよ。パートでもやっているならいいですよ。でも、何の労働もしていないのに、お金をもらうってそれはない。しかも現金を人前で数えるなんて言うのは、信じられません。平気でお金をもらって、子供の前で数えているお母さんが子供の教育をする、ゾッとします。

僕は、ああいうのが犯罪に繋がっていると思います。自分の額に汗して働くだけでいい、貧乏は恥ずかしくないんだ、金持ちの方が恥ずかしいんだというような日本古来の伝統が我々の文化を創ったのです。その中に大麻があり、麻の文化があり、いろんなものが存在したわけです。

それは、西洋の人に言っても無駄ですね。彼らは規制しないと悪い事をするのですから。僕らは違うんだという事です。

もう少し、大麻の事をお話します。

大麻草というのは「植物」です。大麻取締法なんて言うのは論理的におかしいわけです。大麻というのは植物なんですから。植物に縄なんかかけてしょっ引いたってしょうがないんです。

第一、日本ができて、縄文時代からもう3000年も4000年も大麻を普通に使ってきた。生活の中に普通にあった。つい最近、60年前までずっとそうだった。しかも日本政府は大麻の栽培と使用を推奨していました。戦前はパラシュートだとか、軍足なんかは大麻でしたからね。だから、どんどん推奨して大麻の栽培面積を増やしていました。アメリカに脅されたぐらいで、日本の政府がコロッと変わるな、と僕は言いたいのです．長い歴史的事実は重いものです。人間の考えよりも。

次に、アメリカのものですが、有名な「大麻の毒性に関する科学的委員会」を紹介します．

一つはラ・ガーディア委員会（＊巻末資料参照）で、もう一つが1972年のアメリカのニクソン大統領の命を受けた委員会です。両方とも大麻の毒性について検討し、お酒よりはずっと毒性が弱いという結論です。習慣性も含めてですね。だから大麻が痲薬というのはまったくの濡れ衣ですね。アルコールを飲んだりコーヒーを飲んだりする人が大麻を吸ったって、別にどうという事はないんです。大麻には習慣性はありません。

また、大麻の痲薬性が否定されたので、今度は「大麻は麻薬の入口」という話が出てきました。まったくめちゃくちゃな事を言って天下りする先を作ろうという人たちですが、そんな連中に、日本の文化を崩されたくないと思います。

もう一つ、民主主義は大人の世界です。

民主主義というのは「民が主」ですから、我々が主人ですからね。首相とか国会議員とかは僕らの「公僕」ですから、下の立場なのです。御殿なんかに住んでもらっていては困るんですよ。僕らが主人です。主人というのはどういう事かというと、他人に指図されなくていいんですよ。自分で判断すればいいんです。ですから、警告を出してくれるだけでいいんです。例えば、お酒を飲んだら酩酊《めいてい》します、と言ってくれるといいんです。酒癖が悪いからといって、酒を飲もうとしたら監獄に入れるという事にはならないのです。酒を飲もうとしたら監獄に入れるという事は、主人の上に誰かがいるという事です。そんなのは民主主義社会ではないんです。

「メタボ」についても、あれは延長線上にありますね。人間には美味しいものを食べて太る自由くらいあるんですよ。それを、お腹の周りが85センチがどうのって言われたって、余計なお世話ですよね。それに似ています。

最後に、現代の日本にもまだ残っている日本文化に触れます。

日本文化というのはそんなに容易にはなくなりませんが、けっこう危ない事もあるんです。儲けたいとか、いろんな人がいますから。ここに陳列されている麻の製品を我々が触りますと、日本人の皮膚ですから素晴らしいなあと思います。それは日本人が長く麻とつきあってきたから、日本人の皮膚というのは麻と馴染みがよくなっているからです。心が安まるとか、いろんな人がいますけれども、結局そういう事です。

それはやっぱり、日本の大地にあるいろんな元素とか空気が、大麻になじんでいるのです。それは場所によっても違います。僕はあまり焼酎は好きじゃなくて、今住んでいる名古屋で飲むとあまりおいしくないですが、鹿児島に行って飲むとおいしい。そういうふうに、文化とか風土とか食品とか、感覚というのはそこの土地に来て初めて感じる事なんです。それが、我々が大麻に対して感じる心なわけです。

僕は春夏秋冬の富士山の写真うちで、春のものが一番いいなぁと思っています。「夏も近づく八十八夜」になると、お茶を摘む季節になる。秋になると紅葉が見事だ。日本の紅葉というのは27色と言われていますが、ヨーロッパの紅葉というのは、基本的には3色です。どうしてかと言いますと、日本は気候変動と外来種が多いからですね。日本というのは、どんなものでも引き取るんですよ。文化もそうですけれども、自然もそうなんですね。排斥しないんです。日本では「錦織なす紅葉」と言いますが、どうしてあれほど色彩豊かな錦織りなす紅葉ができたかというと、日本は北から植物が来ると「はいはい」といって受け入れる、南から来ると「はいはい」といって受け入れて、どんどん受け入れているうちに錦織りなす紅葉ができてきたんです。日本独特の紅葉の景色ができたんですね。

蔵王などに行きますと、本当に素晴らしい紅葉を見る事ができます。それは、日本が温帯にあるという事と、島国であるという事と、外来種が多かったという事、この3つです。

もちろん大麻も外来種ですが、そういうものを2000年前から受け入れながら、自然と文化を創ってきたというわけです。

最後ですが、日本というものを考える事が、大麻の復権になります。本当は復権というのはおかしいんですけれどね。大麻にしてみれば、2000年もつきあったのに、突然アメリカ人に言われたからといって排斥するのかって言いたい事でしょう。

「国」というまとまりの中に住んでいる人は、世界でも少ない。しかも四方を海で囲まれた温帯の島国というのも日本だけです。自然とともに生きてきた点でも、日本人は非常に珍しい民族であると思います。

さらに、先ほどから言っているように、してはいけない事はしないという非常に堅い信念、これは今の若者もそうです。

私は物理の教授で、中部大学にいます。僕は試験を出す時にA4の紙を配るんです。黒板に物理の問題を書きます。僕の採点法は独特で、答案用紙の一番下まで答えを書けば100点なんです。半分だと50点、4分の1なら25点。私は中身を読みますが、点数は定規でつけます。幅は関係ありません。だから縦に一行書いたら100点です。

これはずっとやっていて、この前ある新聞の取材があって、どのくらいの学生がこの試験を受けたかと思ったら7000人ですよ。それで僕の記憶では、「理解していないのに下まで書いた学生」はほとんどいないんです。日本人というのは、そういうところがあるんです。

去年の秋の試験の時でした。僕は試験の時に絶対に見回りなんかしない。「隣の答案を見たかったら見ろ」と言います。そんな魂の汚い人に教えたくないと。「優」をつけてもらえても、決して役に立たないと教えるのです。

だから、普段は見回りなんかしないのですけれど、時間があってちょっと行ってみたんです。そうしたら、半分しか書いていない学生がいたんです。それでは50点になる。合格点は60点なんですね。あとちょっと書けばいいんです。それで僕は、「君、もうちょっと書きなさい。なんでもいいから書きなさい」と言ったんです。そうしたら彼は、何と言ったと思いますか。「先生、すみません。書けません」と言ったんです。それが日本人というものです。要するに、自分が50点分しか分かっていなければ50点しか書いてはいけない。それで不合格になっても仕方がない、書かないというのが日本人です

それが、日本人はしてはいけない事をしない、という精神です。今でも若者はその精神を持っているんです。大人が、だめになってしまった。金権主義になってしまったんです。だけど、子供はまだ大丈夫です。ぜひ大麻の活動を通じて、日本のそういう文化を守っていくように努力したいと思いますし、よろしくお願いしたいと思います。ありがとうございました。

質疑応答

Q　なぜ日本人が肉を食べなかったのかの説明をうかがいたいです。

A　2つ理由がありまして、文化的な事と消化の面があります。

特に豚肉は奈良時代以降食べなくなったんですが、基本的には日本人の胃腸は4つ足の動物を消化できないとされています。江戸時代に書かれた養生訓には、腹にもたれるので肉食は避けるべきであるとあります。また、宗教的な意味もあって、これも奈良時代から、飼育された四つ足は食べません。だから、ウサギは四つ足ではなく、鳥だという感覚で一羽、二羽と数えます。

もう一つは、自然の恵みはいただいてもいいけれども、動物を積極的に飼って、特に4つ足の命をもらうのには抵抗があった。従って、イノシシはいいけれども豚はだめ、という事ですね。つまり、飼育して命を取るのではなくて、自然の中にいる動植物に感謝して、その命をいただく事は許されるであろう、というのが日本人のこころです。それで、中国ではあれほど豚を使っているのに、日本は明治時代になるまで豚も牛も食べなかったという事です。

たしかに日本人の消化器系というのは、肉には弱く魚系がいいんじゃないかと言われています。ですから通常は魚を食べて、時々イノシシの肉を食べる、と、それくらいが良かったんじゃないでしょうか。

Q　安土桃山時代に、タバコが禁止されましたよね。そのいきさつを教えてください。

A　安土桃山時代に一時、タバコは火災のもとになるという事で禁止されました。火災が理由で禁止して、しばらくしたらやはりお金が儲かるという事で、解禁になっています。江戸時代の初めに薩摩藩がタバコを作って産業にしたんです。非常に儲かるのでいいじゃないかという事になって、江戸時代になるとタバコの禁止令がなくなりました。禁止の期間は短かく、80年から100年ぐらいの間だったと思います。その後、江戸でタバコの文化ができるのですね。

ついでに言いますと、北海道のアイヌという民族は非常にタバコを好んだんですね。そして彼らは戦わないんです。アイヌには戦争がなかったんです。

どうして戦争がなかったかというと、タバコを吸いながらゆっくりやろうやといって話し合いをするんです。話し合う時に手持ちぶさただから、タバコがすごく発達したんです。

ですから、タバコは話し合う道具としてはよいものなので、アイヌは平和な世界を作っていたんです。

「大麻草を通して見る国家と民主主義」　森山繁成

大麻草研究家、大麻草検証委員会代表

大麻草に関する学習も調査もせずに、喧伝《けんでん》されている情報を鵜呑みにしているメディア、裁判所、行政、政治に対して憂いを感じ、10年前から地元大田区を中心とした政治的なネットワークを構築。民主党政権に転換したのをきっかけに、この問題の政治的解決のために様々なロビー活動を展開している。

我が国は、議会制民主主義の国であります。民主主義の国家は、国民の為に存在していなければなりません。決して国家（一部の人間）の為に国民が存在してはならないと考えます。実際の民主主義が我が国で行われているかを検証した時に、リトマス試験紙の役割を大麻草は担っていると考える事ができます。

なぜならば、大麻草の取り締まり根拠として大麻草の薬理作用が「大麻草の使用者は幻覚・幻聴が起き人間を怠惰にする痲薬である」と当局により示され、海外の研究機関が発表している大麻草の人体に働く有用な薬理作用、産業素材としての多方面にわたる有益性（定説）をまったく検証もせず、真実とは真逆の事が真実を追求する司法行政機関の検事に語られ、その言を鵜呑みにしての有罪判決が数多く出されているからです。この様な事が市井の私たちの付託を受けた司法裁判で最新の情報の検証も行わず、前例主義だけで真実の追求を行わず、人を裁く事が日常的に行われているのが現在の我が国の民主主義の現状です。司法に関わり人を裁く立場の方たちが少しでも最新の情報の収集を行って考えれば、おかしな事だと理解できるはずです。現状では、立法・司法・行政機関が「バカの壁」に突き当たり、思考停止していると言っても過言ではありません。

立法・司法・行政機関が憲法を順守して、国民が平和に健康的に暮らして行けるようにしていかなければ、憲法の意味がありません。行政が違憲な政策を行った場合には、真実の追求を司法が行って正してくれるのが、安心して暮らしていける民主主義国家なのです。

最近も、厚生労働省の無辜《むこ》の課長が、検察特捜部による証拠のねつ造により逮捕された事が記憶に新しいと思います。いつなん時、私たち自身もこの様な事件に巻き込まれてもおかしくないような、民主主義とは程遠い国家、に我が国は成りつつあると考えます。真実を追究、検証しない国家に、私たちは税を納めて暮らしているのです。

このように現在の立法・司法・行政機関の姿を考察した時、大麻草の取り扱いが民主主義の問題点を如実に物語っています。なぜ、現在の大麻取締法は法益が無いと言う定説情報を司法・立法・行政機関は検証しないのでしょうか？　「麻と人類文化を考える国民会議１０１７」に参加された皆さんは、正しい知識と見識を新たにされたと思います。

私たちは、国民に真実を伝えず、不実を喧伝する国家に暮らしていたくはないはずです。「大麻草の真実」を、私たちが周りの方たちに話し、真実を周知させる事が、保護法益が無く人権侵害となっている大麻取締法を廃絶する事に繋がり、その事により行政の不作為・暴走を止め、また行政機関外郭団体とメディアの欺瞞を正し、住みよい本来の主権在民の民主主義の国家にする一里塚になると考えます。今後は、機会がありましたら是非、皆さんの周りの方々にも、大麻草について国家が言っている事は真実とは真逆だと伝えていただければ幸いです。

正しい民主主義の国に導くため、私たちの訴える事を真摯に聞く聡明な議会人を、参政権の一票により私たちの手で議会に送りましょう。議会制民主主義（一票一揆）の権利を最大限活用し、住みよい国家を私たちの手で築きましょう。

【講演】

今日、皆様にお話しするのは「大麻草を通して見る国家と民主主義」という事でちょっと堅苦しい演題になっておりますが、話の内容は簡単だという事で、これからお話しをさせていただきたいと思います。

議会制民主主義の国家とは、国政選挙の時に行使する私たちの一票に「安心安全な国作りを付託」して、私たちの代表を議会に送り、法律を作り、その法律に基づき司法、行政、立法この三つが独立を保ちながら調和して機能し、国民が安全・平和・健康に生活できる環境を担保する。安全な生活を保障する為、犯罪に遭い被害を生じた時には速やかに司法により被害の回復と加害者に対して処罰を国家が行う事によって、住み良い安全な国になっているのが、本来の民主主義国家の健全な姿であります。しかし、今の私たちの住んでいる日本という国で、民主主義が行われているかと言うと、これは二律背反の意見がある大麻草の触法問題に対しては非常に疑問があります。

なぜならば、立法府でできた法律に基づいて、行政は国民に寄与していかなければなりません。行政というのは役所だとか裁判所です。一番の疑問が、例えば立法府で採決され公布された法律が、もし私たち国民に対して不条理の物であったのであれば、その不備を司法裁判の議論の中で正して行かなければならないと考えます。現代社会で、アンチノミー（二律背反）を含む問題がある法律であれば、司法の場で意見を聞き、法律が憲法に抵触するという意見があれば、高度な知識があり厳格な試験に合格した法曹者が議論、検証して正していくのが本来の民主主義の健全な姿です。

実は、大麻取締法というのはその意見の最前列にあります。どういう事かというと、例えば、丸井英弘先生の裁判に傍聴に行った時の事です。その裁判の中で僕が驚愕した事をお話しします。先にも述べましたが法曹界という法律を司る場にいる方々は、司法試験という非常に難解で難しい、人生を賭けるような試験を通った聡明な方々であり、裁判ではそうした方々が高度な法律的判断をすると思っていました。

ところが最近、千葉県の匝瑳《そうさ》市というところで大麻取締法違反の裁判を傍聴した時、司法試験に合格していない検察事務官の方が内部の登用試験で副検事になり、公判に携わっていたのです。罰金を伴う交通違反事件ならともかく、罰金刑は無く、実刑を伴う審判に正規の試験に合格していない方をあたらしている。裁かれる方はどのような気持ちで裁判に臨んでいるのでしょうか？法曹資格に二重基準が存在している事にも驚きました。さらに驚いたのは、論告の時に語られた副検事の意見です。大麻取締法では枝、種子は所持していても触法ではありませんが、その時に証拠で示されていた大麻草は根、茎、種、葉などが混然一体になっていました。その証拠物を示して「大麻をこんなに大量に所持している人間は大麻中毒者であり、大麻を吸うとその弊害として幻聴幻覚を見て凶暴になる」という事で懲役3年を求刑していました。

裁判所という真実を追求しなければいけない公の場所で、触法の構成要件に該当しない根、茎、種が混入した証拠物を示して大量所持していると平気で発言しているのが、今のわが国の司法の姿であり民主主義の姿なのです。この様な国に私たちが住んでいるという事は非常に危うい。

実際、既に海外では、大麻草の薬理作用の研究が進み、大麻草の摂取は人体精神にほとんど無害であり、摂取する事が病気の治癒、人体の恒常性を保つのに効果があるとの定説が存在するのです。

裁判で定説の検証を求めても検証せず、公の人間が平気で海外の定説とは異なったあたかも「大麻は覚せい剤、ヘロイン、アヘンなどの麻薬と同等の危険な薬物であるから厳しく取り締まり、規制を行い、違反者は厳罰で処す」と、陳腐で間違った事を語り、真実を追求しなければならない法廷で述べる。そこには二律背反の意見が存在するのですから、司法裁判所は反証意見も斟酌《しんしゃく》すべきです。また、大麻草の栽培所持は被害者がいないのに強盗致傷罪等と同等に罪を重く問われる、という事が行われています。このような問答無用な裁判での対応は、不健全な民主主義の姿の一部だと考えます。

この不健全な民主主義をどうにか直していかなければいけないという時に、政治は駄目だ、国の行政機関が駄目だとか、自身が暮らしている国の機関や政治のせいにしている。そのような事を言っていると、どんどんそういう方向に流れて行ってもっと住みにくい国になる。

それでは、どうすれば主権在民の健全な国になるのでしょうか？　そう考えた時に、私たちの国というのは国民からの信任が政府に無くなれば国会は解散を行い、国民の真意を問う、また、途中解散がなくても4年に一回、国政選挙がありますね。その時がチャンスです。選挙権を行使して、私たちの希望に尽力してくれる為政者を選出する事が世の中を変える事に繋がるのです。

この会場に、地方議員の方たちがけっこう来場されています。僕はこの議員の方たちに話をするために、14年間ずっと大田区で政治活動をやっていたのです。政治に関わらないで政治を語っても、議会人の方たちが真摯に聞いてくれないような気がしたからです。僕に信任が無ければ、戯言《ざれごと》を言っている、ましてや大麻の事を言った途端におかしい人なのではないかと議会人の方に思われてしまうと考えたのです。

今では、大麻取締法というものが実際には人権侵害を行い、大麻草を素材にした産業化を著しく妨げている法律だという事を、僕の周りの議会人の方々も理解してくれるようになりました。

僕の事ですが、三十代初めの頃、ミクロネシア連邦にダイビングに行った時、眠れなくなった事があります。その時に、現地の人に大麻を勧められました。吸ったらよく眠れました。現地の人は「私たちは民間薬として現在でも使用しているのです。アメリカの統治領ですから建前では使用するのは駄目ですけど、でもどこの家にもありますよ」と言うのです。法律に触れるのになぜ、と尋ねたら、「不眠になった時、暑くて食欲がわかずご飯が食べられない時などにこれを使うのです。森山さん、あなた吸いなさい」と言って大麻煙草を置いていってくれました。でもその時までは僕も、大麻草は痲薬だと思っていたものですから、「これを毎日吸っていたらおかしくなるのではないですか？」と尋ねたら、その人は「何を言ってるのですか？」という怪訝《けげん》そうな感じでした。

それから大麻草に関心を持ってどのような物かとずっと研究勉強してきた中で、大麻取締法は日本人が制定した法律ではない事を知りました。大麻取締法は、敗戦に伴うポツダム宣言受諾による大麻取締規制というのが始まりで、当時の農水官僚は、後年、制定された大麻取締法に抵抗して大麻草栽培農家保護のために、簡素な欠格事項を定めただけの栽培許可制度を作らせたそうです。戦前は規制など無い普通の作物として全国で栽培奨励されていた農産物が、大麻草です。それを戦後60年経った現在でも、薬理作用の検証もせず、痲薬の一種として同等の栽培規制をして、被害者が一切いないのにも関わらず、病気治療や嗜好品として使用している国民を、公衆衛生に害を及ぼすと逮捕拘禁する人権侵害を起こしているわけです。

最近、関東学院大学のＯＢが、僕のところに来ました。建設機械屋さんをやっている人で、大麻の話をしたら最初は黙っていたのですが、そのうちに大学生が部室で大麻草の栽培をした話になりました。「僕の所だったら何を話しても構わないよ、大麻は痲薬でも何でもない」と話したら、大麻を栽培して捕まった関東学院のラグビー部の生徒は、後輩だったとの事でした。なぜ大麻草を栽培したかといえば、アンダーグラウンドの人たちに近寄って入手をしたくなかったのではないかという話でした。当然、触法した学生は大学から放校などの重い処分を受けたと考えます。つい最近は、中学の教頭先生（副校長）が、大麻取締法に触法して捕まりましたよね。僕に言わせれば、教頭を懲戒免職にして退職金も払わない教育委員会は、間違っていると思います。刑罰を受けているのに、それとは別に、退職金も支払わないという社会的制裁まで教育委員会が行っているわけです。後日、大麻取締法の法益根拠に問題があったと立証が出来た時、教育機関、教育委員会は、処罰した学生や教師にどのような救済を行うのでしょうか？

このような不幸の連鎖を無くすためにも、一刻も早く大麻取締法の保護法益の根拠を検証し、法改正を行うべきと考えます。現在、アンチノミーが存在する問題に係わる処分は、慎重に行わなければ将来に禍根《かこん》を残すと考える聡明さが、処分を行う関係者に求められます。

武田邦彦先生も、日本の文化の話をされましたけれども、そういう見識に基づいた対応がちゃんとなされていない。だから、日本は民主主義国家ですよと言っても、大麻草の扱われかたを通してみた時に、我が国の民主主義は成熟していないと考える事ができます。

要するに、国が喧伝している、検証がなされていない情報が、現状の問題を解決できなくしているのです。現在、国の大麻取締法の法益の拠り所は、「ダメセン」と呼ばれている（財）麻薬・覚せい剤乱用防止センターという、厚生労働省の外郭団体が国民に発信している大麻草の弊害の情報なのですが、弊害の出典を示す事が出来ない、まったくでたらめな情報と言えるものです。国家行政機関が「真実はこうですよ」と国民に伝えている根拠の拠り所が、この「ダメセン」の情報なのです。僕に言わせれば人権侵害の元凶であり、海外の研究機関の最新の研究成果に基づいた薬物の正しい知識、啓蒙を行わなければならない責務を放擲《ほうてき》して不作為《ふさくい》を続け、私たち国民の税を食《は》み、見返りとして無辜《むこ》の国民を犯罪者に仕立てる情報を発信していると考えられます。触法犯を裁く司法警察、検察、裁判所を「ダメセン」は見識違いの情報で騙していると言っても過言ではありません。

後日、(財) 痲薬・覚せい剤乱用防止センターの情報に問題が存在していた事が検証された時には、取り返しのつかない人権侵害の原因を発信していたのですから、責任を問うべきです。

国家が健全な民主主義の国を運営していかなければ、私たち国民は不幸です。大麻取締法の間違った保護法益は、即刻世界の大麻草の薬理作用の定説と照らし合わせて検証し、規制緩和を始めている諸外国のように、税収、雇用等に繋がる有効活用の道を国家は探るべきと考えます。

現状では、真実を知る事が出来ない国家に私たちは住んでいるのです。そこに私たちは税金を払っているのです。これを正していくためには、本日、ここに来られている皆さんが正しい見識と知識を持たれて大麻草の真実を伝えていくという事が、とても大切だと僕は思っています。

皆さんが周りの知人友人に伝えていってくだされば、本当の民主主義の国家になるためのリトマス試験紙、見識のバロメーターとして大麻草というものを語る事ができると思っております。

今日、僕の地元の国会議員にも来場の声掛けをしていたのですが、痲薬推進論者のレッテルを貼られないかと危惧して来場しておりません。その時の会話の中で、先に述べた「(財) 痲薬・覚せい剤乱用防止センターの偽情報の呪縛に囚われている。間違った情報の検証を行い、国を変えるのはあなたたちの役目ではないのか」と話したのです。今の世論の状態で国会議員が大麻取締法は問題がある法律だと発言したら、メディアにこの人は痲薬の推進論者だというレッテルを貼られると思います。彼は、世界に誇れる住みよい国家にするために、上場会社の勤め人としての安定した経済的環境を放擲して、国会議員になったのです。

なぜかと云ったら「この体たらくの国を良くしたい」との一念です。「痲薬推進論者のレッテルを貼られたら、私の志を成就する事はできません」と言って、今日の国民会議に泣く泣く参加していません。

先日、地元大田区で羽田空港の新設D滑走路を海上から視察する船上勉強会があり、その席上で厚生労働省の委員会の委員を務め、大麻撲滅運動の急先鋒の国会議員の方と話をする機会がありました。その時に、どの程度の知識があり大麻草の撲滅運動に関わっているのかについて質問をしました。

その議員は、「大麻は痲薬であり、青少年の身体精神に著しい害がある物であるから撲滅をしなければならない」と語りました。僕が「海外で毒性等の研究成果を基に大麻草を素材にした産業化が既に行われ、また嗜好品として使用しても心身に対しての有害性は無い植物と認知されているが、海外の定説が事実であれば、無知蒙昧の誹《そし》りを受けると共に人権侵害に手を貸している事になりませんか？　大麻は痲薬だと自信をもって発言しているのですか？　あなたが発言している事は、やはり国を良くしようと思って発言していると理解しますが、あなたは厚生労働省、外郭団体の陳腐な情報に騙されていますよ。もう一度、情報を届けてくれる方たちに言ってください。あなた方が提示している情報が正しければ問題はないけれども、アンチノミーの情報も存在する。あなた方の情報が間違っていたならば、私は政治生命の中で汚点をつける事になる、と」そう話したところ、自分の立場と発言を理解したように感じました。

本来、国会議員という重い職責にある方は、二律背反する意見があれば吟味して自分の意見を述べなければ影響が大きいと理解するべきと僕は考えております。

様々な問題解決を行える聡明な為政者を立法府に送るためにはどうしたら良いか、その答えは今ここにいる私たち一人一人の選挙権の行使なのです。4年に一回選挙がありますから、その時に立候補者に法改正を訴えて行けば良いのです。

今僕は、本音で語っています、なぜなら公然と大麻草の真実を語ると痲薬推進論者と思われるというタブーを、一人の国民の意見として打破していけば良いと思っているからです。タブーが無く何でも語れる、何でも議論できるというのが、本来の健全な民主主義の姿と僕は解釈しています。言論の自由が保障されなければならない、そうでなければいけないと思っているからです。

先の大麻撲滅推進派議員の話ですが、青少年に弊害があるのであればその弊害の部分はどう解決していくか、タブーとせず議論すれば良いのです。

先ほど、いっしょに検証委員会をやっているメンバーの奥さんに初めて会いました。彼の奥さんはリューマチです。腕の手術跡を見せてくれましたが、痛々しかったです。そのリウマチの特効薬とは何なのか、皆さんご存知ですか？　大麻草がその特効薬の一つなのです。

「憲法25条　生存権、国の社会的使命」の中に、国家は国民の公衆衛生と福祉の向上に努めなければいけない、というような事が書いてあります。病で苦しんでいる国民がいたら、病気の改善に繋がる薬物が存在するのであれば処方できるように、国の機関が速やかに検証を行い、提供できるようにしていかなければなりません。国民の病気治癒のための人権は、何よりも優先されなければならない、一番大切な事と考えます。病の快癒に繋がる政策は別格で、これが良いとか悪いとか、議論など不要です。病人とその家族は、快癒するなら何でも試したいと思っています。海外で既に使用されている医療用大麻で病が治る人がいたら、使えるようにしなければいけない。

それを、法律という紙に書いただけの文字の羅列で使えなくしている。これは非常に不幸な事ではないですか。このような不幸を取り除くために、また選挙の話になりますけれども、議会人に話をして、大麻草というものはこういうものだと承知してもらう活動が必要です。

それと一年365日下痢と腹痛という症状が出るクローン病、難病ですよね。そのような症状を呈していた為政者のトップもいましたね。あの方の症状改善にも、特効薬として大麻草が貢献したはずと思います。薬効を承知していれば、法改正の議論が始まっていたかもしれませんね。

様々な病に効能が有る医療大麻は、生薬として海外では既に使用されているのです。また、薬物の定義について、丸井先生が公衆衛生についての論文で米国の薬物の定義を紹介しています。薬物とは、大量に摂取すると死亡する、毎日使っているとよりたくさんの量が必要になり、習慣性が起きて止められなくなる薬物中毒という症状が起きる、というのが危険な薬物です。

一方、大麻は海外の研究機関で薬効について研究されていて、ほとんど中毒症状が無い、比較的安全な生薬なのです。痲薬でも何でもないのです。漢方生薬みたいな形で使えるわけです。

これは聞いた話で確認はしていませんが、新潟、秋田の間の山間部のご老人が、毎年十月や十一月に集まり、健康のためにある物で作ったお浸しを食べている。それは何なのかというと実は大麻の花穂のお浸しという事でした。

海外では、大麻草から出来る麻の実、ヘンプオイル等を健康のために積極的に摂取しています。大麻草は、人間の恒常性を保つ特性の薬効を持つ植物として、海外の研究機関では認知されています。また、嗜好品として使われている現状があります。

しかし残念な事に、我が国では大麻取締法の4条があるためにそれらを医療、健康増進に使う事は現在できないのです。病気の方たちが治療のために医療大麻を使いたくても、海外では使われている医療大麻を日本には輸入できない。なぜ出来ないのでしょうか、と行政の方たちに聞くと、「今は大麻取締法があるからできないのです」と言うのです。もっともな意見です。我が国は法治国家ですから。だったら、その法律をここにいる皆さんといっしょに変えていきたい。そのためには、現在解明されている大麻草の正しい情報を私たちが議会人に伝えて、「あなたが議会人として議論の端緒を開いてくれるのであれば、あなたを支援します」と直接話すのが肝要な事だと考えます。

成熟した民主主義国家を作るためには、あえてタブー視されている二律背反を含む問題を、話す、聞く事が出来る、硬直していない柔軟な思考が大切です。人からの伝聞を検証も何もしないで、それが事実ですと伝える、このような無責任な伝言は民衆主義の自殺行為です。

今ここにいる皆さんは頭が柔らかいと思いますよ。この会場の表に出て、大麻草の講演を聞きに行って勉強していると言ったら、どんな人が集まっているのだろうと外の方は思われるのではないでしょうか？　世界の研究結果による定説、日本の麻に関連する文化習慣も鑑みて、このような勉強をしているのに、痲薬推進論者の集まりではないかと勘違いされるのが現在の我が国と思います。

私たちが声を上げる事によって真実が国民の間に伝わっていけば、今の国家が一部に不健全な状態を呈していると市井《しせい》の方々が気づく事に繋がると思います。その気づきが、健全な法治国家、主権在民の民衆主義の国を国民皆で築いていく事になるのです。大麻の使用者が精神に異常をきたし、世の中に害をもたらす人間になるという情報自体が、まったくの虚偽ですから。公金を使い、最先端の情報の検証を行わなければならない責務のある厚生労働省という公の機関が、見当違いの事を言っているわけです。海外の定説を検証もせず、無視して間違った見識を変えない意固地な人たちと、検証を行い勉強して、人権侵害を止めるべく真実の発信に努めている方たちと、いったいどちらが不健全なのでしょうか？

先日も、厚生労働省の課長さんが大阪地検で罪を問われた事件がありましたね。真実を追求する特捜検察官が証拠の隠ぺいを行い、罪を問うた冤罪《えんざい》事件です。僕に言わせれば、大阪地検の特捜検察官が行った行為は、証拠の隠ぺいではなく事件の捏造《ねつぞう》ですよ。自分が考えた筋道に沿ったものにするために証拠物に手を加え、捏造し、罪に問うたと言われてもしかたのない冤罪事件です。検察も裁判所も、信任のある検察官が証拠物を捏造して裁判に臨んだら、真実の解明を行う事は無理です。事件に関連した方たちが普段は取り調べの可視化に反対しているのに、自分たちが被疑者になったとたんに自身の取り調べを可視化するよう求めているのには、笑いを通り越して憐憫《れんびん》しか感じません。このような変節は、普段自分たちがどのような事を行っているのか「言わずとも語る」だと思います。今回は、捏造が露呈した事により冤罪にはならなかった事が、健全な国家行政機関がまだ存在しているという証になりました。

しかし、大麻取締法については、厚生労働省も同じような事を行っていると言っても過言ではありません。厚生労働省が国民に喧伝している、大麻草が身体精神に与える害悪の根拠が、そもそも間違っているのに改めようとしないからです。大麻取締法に触法して裁かれた方々は、なぜ、こんな事で罪に問われ、退学、懲戒免職等の社会的制裁まで受けなければならないのかと国を恨み、間違った大麻草の弊害を喧伝している厚生労働省、外郭団体を恨んでいると思います。触法して裁かれた方たちが心底抱く国家の感想は、「我が国は自分たちの意見も斟酌せず理不尽な仕打ちを行う不健全な民主主義の国」だと。

全部がそうだとは言いませんが、一部の行政機関の中に、真実の追及を行わず目を逸らす人たちが存在する、住みよい国家を構築する責務がある行政機関の中にいる事を、私たちは認識しなければならないと思います。真実を知った国民は、同時に辛抱強く真実はこうですよと議論、喚起を行っていかなければ、真の民主主義の国家ではなく、一部の人の思惑で動く国家になってしまう危惧が続くと思います。

危惧の中に、マスメディアの事があります。マスメディアは天下の公器です。様々な情報を検証し、より正確な情報を国民に伝えていくという使命を負っていると考えます。もちろん、僕もメディアの影響力に期待している国民の一人ですが、残念な事に、そのメディアが大麻草には二律背反の意見があるにも関わらず、一方的な見方の情報を国民に伝えているように感じるのです。後に事実と違っていたというのでは、使命の放擲《ほうてき》を行っていた事になり、メディアの権威の失墜になるからです。現在のメディアは、僕に言わせれば不誠実です。大麻取締法触法犯の事件は被害者がいないにも関わらず、社会的な立場の教師等の触法犯を、商業主義的に重大犯罪人のごとく報道して、触法犯本人や家族が近隣から異端視されるというような人権侵害が起きている事に考えが及んでいない不条理な公器になっている事が嘆かわしいのです。

優れた情報ネットワークを完備しているメディアは、既に大麻草の海外定説を承知していると思います。現在のメディアは、大麻に関する報道に国家機関から何か要請でも受けているのでしょうか？ それとも国家に迎合して、一部の定説情報しか発信しないように自己規制しているのでしょうか？ いったい何の得があるのでしょうか？ 公器の組織として問題があると思います。

国家、又は一部の人間の暴挙を止める役割をメディアは持ち得ているし、又、その絶大な影響力に国民は期待しているのです。一日も早く絶大な影響力のあるメディアに、海外の研究機関で解明されている事柄の報道を行っていただきたいと思います。自己規制、タブー等の無い、何でも話せる成熟した民主主義の国家を国民皆で造りたいというのが、私の中の「大麻草を通して見る国家と民主主義」という事です。どうぞご理解ください。

最後に、ある友人の話をしたいと思います。

僕の友人は元警察官で、最近まで職務に携わっていた人です。警察官を別の呼び方で護民官と言います。護というのは護る、民を護る、という事で護民官も警察官の呼称です。僕の友人は満期退職の手前で職を辞しました。警察官になったのも、友人の資質の中に存在する正義感が元にあったと思われます。

僕が大麻草検証委員会の代表世話人である事は、友人も承知しています。

護民官として真面目に職務を遂行し、真実を話す人間は組織の中では異端者扱いされるのですね。友人は、大麻取締法触法犯事案を捜査した時に、被疑者が話す事が真実であり、厚生労働省が喧伝している、処罰を行わなければならない元になっている情報に問題があると、自身で勉強して知る事になったと語っていました。

自分は護民官なのに、人権侵害を起こしている事に気づき、護民官としての自分の心に嘘を吐けないから辛いとも話していました。情報の真贋《しんがん》に気づき、法律が存在するからといってもそもそもその法律自体に問題があると気づいてしまったので、護民官として限界を感じたと思います。間違った捜査に気持ちが耐えられなくなった事が警察官を辞する元になったというのは、本物の護民官だったと僕は尊敬しています。

大麻で逮捕された被疑者を何人も取り調べた事があり、大麻だけを嗜好品として使っている人たちの話を聞くと、処罰をするような人たちじゃないと言っています。話をよくよく聞いてみて、自分も大麻草に関心を持ったとも言っていました。勉強研究した結果で、理不尽な検挙捜査の最前線にいる事に気付いたと思います。

「悪法も法なり」では、友人の護民官としての自信を心底、減退させたのでしょうね。

今日は講演にきていただき、ありがとうございました。

Q　厚生省のデータが間違っているのですから、厚生省の方に働きかける事はなさらないのですか。

A　やっております。でも、やっていてもまだだめです。これは、僕たちが議論する前に厚生労働省が自主的にやらなければいけない。先ほど、憲法25条のお話をしましたよね。本来であれば、税金で大麻草の薬効、海外の事情等を調査すべきで、これを検証するのは僕たちではないはずなのです。厚生労働省がやらなければならない。でも、行政の不作為で、検証作業をやっていない。なぜやらないかといったら、厚生労働省の外郭団体に(財)麻薬・覚せい剤乱用防止センターという天下り団体があり、そこに年間数億円単位の補助金が税金から出ているからですね。(財)麻薬・覚せい剤乱用防止センターが作製しているポスターがありますが、それに書いてあります。

「薬物はあなたを確実に変えてしまいます。彼方は大麻の怖さを知っていますか?」と、麻薬と同じ扱いで喧伝しているのです。こういうでたらめな情報ポスターに、私たちの税金が使われているのです。私たちがいくら話をしても変えません。無視です。天下っている方たちの利益が無くなりますからね。

だから、私たちが市井の一人として立法府に働きかけていかなければ、変わらないのです。それが、議会制民主主義の姿であり法治国家というものなのです。憲法を遵守して行政機関は働かなければなりませんが、残念な事に一部の行政機関は違憲な状態だと思っています。だからそれを正すためにも、この大麻草というのがリトマス試験紙、見識のバロメーターになると思って下さい。何度も言っておきます。

Q　各国立大学にも海外の研究結果の検証を行ってもらい、そのデータを問題の根源を作り出している機関に送り、そうした活動をインターネットなどできちんと公表するという方法はいかがでしょうか。

A　そうですね。これから試みましょう。

Q　東大とか、東京農業大学とか、九州大学など、国立大学トップの主任教授になっている友たちがいますから、そういうデータを作成してもらえるよう頼む事もできます。最高学府の研究室の検証データはこうですと出して、そのデータがちゃんと所管当局に行きましたというのをインターネットなどで公表していただきたいです。行政サイドの研究団体などの回答を整理して、全国民で見られるようにされるとよいですね。もう少しアカデミックに動かれてもいい時期に来ているのではないでしょうか。

大麻草についてはいよいよ時期が来ていると思います。専門家のすばらしい方々が情熱をもってやっていらっしゃるのですから、アカデミックな世界の方々とも手をたずさえて進めていただきたいですね。

A　そうですね。今後はそのように全方位でやっていきたいと思います。やらなければいけない事なのです。本当の民主主義の国家を、私たち国民の手で造らなければなりません。やはり政治のアプローチも必要ですし、今おっしゃられた通り、全方位で今後やっていくように皆で発信していきましょう。

整理すると、最新の海外の研究機関の情報を検証しない厚生労働省や、外郭団体が発信している情報がおかしいのです。それを変えるためには、私たち国民の声が大切なのです。世論の喚起により、国会議員も議論を始める事ができ、法改正に繋がります。何度も言います。私たち国民の声が大切なのです。厚生労働省や外郭団体は、海外の正しい情報は既に承知しているのに、あえて知らぬふりをしていると思われます。良心と見識の問題です。良心と見識ある私たち国民の声を無視しているのですから、ぜひ皆でもっと声を上げていきましょう！

「大麻取締法の違憲性」　丸井英弘

弁護士（武蔵野共同法律事務所）、麻褌《ふんどし》復興家、観音バンド演奏家

「麻は地球を救う！」という主張で、35年間、日本の多くの大麻事件の弁護を担当し続ける。大麻取締法の厚い壁に対し、一貫して大麻を刑事罰で規制する不合理、警察の捜査のあり方に、異議を唱える現代のサムライ。

憲法（けんぽう）とは国家の組織や統治の基本原理・原則を定める根本規範（法）をいう。近代的な立憲主義においては、憲法の本質は基本的人権の保障にあり、国家権力の行使に枠をはめて、無秩序で恣意的な権利侵害が行われないようにするためのものであるとされる。（「ウィキペデアフリー百科事典」より引用）

第1．大麻取締法の違憲性1

大麻取締法は、社会的必要が無いのに、占領米軍の占領政策として一方的に制定されたものであり、占領後の日本を石油繊維などの石油製品の市場とするために、石油繊維とその市場が競合

する大麻繊維の原料となるカンナビス・サティバ・エルと呼ばれる大麻の栽培を規制したものであるので、憲法第31条の適正手続き条項に反し、また同法第12条の職業選択の自由や同法第13条の幸福追求権に違反する違憲立法である。

1．大麻取締法ではその1条で、「大麻」の定義として、「大麻草（カンナビス・サティバ・エル）及びその製品」と規定しており、現行大麻取締法で規制されている大麻はカンナビス・サティバ・エルと呼ばれる種のみであり、かつ大麻の薬理成分とされるTHCの含有の有無とは無関係である。なお、1961年の麻薬に関する単一条約（昭和39年12月12日条約第22号）では、第1条定義で「大麻」とは、「名称のいかんを問わず、大麻植物の花叉は果実のついた枝端で樹脂が抽出されていないもの（枝端から離れた種子及び葉を除く。）をいう。」と定義付けされている。

また、1961年の麻薬に関する単一条約の28条2項では、「この条約は、もっぱら産業上の目的（繊維及び種子に関する場合に限る）叉は園芸上の目的のための大麻植物の栽培には、通用しない。」とされている。大麻取締法はまさに「産業上の目的（繊維及び種子に関する場合に限る）」の大麻栽培を原則的に禁止しているので、この国際条約28条2項にも違反するものである。

大麻草とは、日本名でいえば、麻の事であり、植物学上はくわ科カンナビス属の植物である。そしてカンナビスには種として、少なくともカンナビス・サティバ・エル、カンナビス・インディカ・ラム、カンナビス・ルーディラリス・ジャニの三種類がある事が植物学的に明らかになっている。各名称の最後にあるエルとかラムとかジャニというのはその種を発見、命名した学者の名前の略称であり、サティバは１７５３に、インディカは１７８３年に、ルーディラリスは１９２４年に発見、命名された。いずれも大麻取締法が制定された１９４８年以前の事である。

大麻草のうち、カンナビス・サティバ・エルと呼ばれる種類は、日本において縄文時代の古来から主に繊維用に使われて来たものであり、特に第２次大戦前は、繊維用などに不可欠な植物として国家がその栽培を奨励してきた植物である。

そして大麻取締法は、この衣類の生産など産業用に栽培されてきた日本人にとって貴重な植物である大麻草（カンナビス・サティバ・エル）の栽培等を規制した占領米軍による占領立法である。従って、大麻草を規制する社会的必要性がまったくなかったので、大麻取締法は、その立法目的を明記していないという法律として異例な形をとっている。占領米軍は、占領後の日本を石油繊維などの石油製品の市場とするために、石油繊維とその市場が競合する大麻繊維の原料となるカンナビス・サティバ・エルと呼ばれる大麻の栽培を規制したものである。

このような法制定過程そのものに疑問がある大麻取締法は、憲法第31条の適正手続き条項に反し、また同法第12条の職業選択の自由や同法第13条の幸福追求権などに違反する違憲立法であるといわざるを得ないものである。過去の判例は、大麻取締法の立法目的を「国民の保健衛生の保護」としているが、日本において、大麻の栽培使用は縄文時代の古来から行われて来たのであり、大麻取締法制定当時も含めて「国民の保健衛生の保護」上の問題はまったく起こっていなかったであるから、その解釈は間違っているものである。

2．大麻草は日本人の国草である。

大麻草とは、縄文時代の古来より衣料用・食料用・紙用・住居用・燃料用・医療用・祭事用・神事用に使われ、日本人に親しまれてきた麻の事であり、第二次大戦前はその栽培が国家によって奨励されてきた重要な植物である。このように大麻草は精神的にも物質的にも、日本人のシンボルともいえる植物であり、桜が日本の国花とするならば、大麻草は日本の国草である。

第2次大戦前の日本人の生活、特に明治以前の生活では、生まれる時のへその緒は麻糸で切り、赤ちゃんの時は麻のように丈夫にすくすく育つようにとの親の願いから麻の葉模様の産着で育てられ、結婚式では夫婦が末永く仲良く幸せである事を願って夫婦の髪を麻糸で結ぶ儀式をしていたのである。そして、葬式で着る衣は麻衣であった。日常生活では、麻の鼻緒で作った下駄を履き、麻布でできた着物（なお、下着は褌であり江戸時代以前は麻布が使われ、成人式の記念に親から褌祝いとして麻褌が与えられたようである）を身に付け、麻の茎の入った壁や天井に囲まれた家に住み、麻糸で作った畳の上で過ごし、夏は麻糸で作った蚊帳で休んでいたのである。また、麻の油は食用や灯油として活用された。また、麻糸は漁業用の網としても多く使われたが、爪糸や弓の弦としても使われたのである。麻の茎も炭にして、花火の原料としても使われた。

このように、大麻草は、伝統的な日本人の生活にとって必要不可欠な植物であったのである。そして、伊勢神宮のお札の事を神宮大麻というが、大麻は天照大神――つまり太陽――の御印とされている。そして、日本の国旗の日の丸は太陽の事であるから大麻草は日の丸つまり日本の象徴ともいえるのである。なお、大麻草は神道においては、罪穢れを祓うものとされており、大和魂ともいわれている。

ところが、第二次大戦後のアメリカによる対日占領政策で、大麻草の栽培が一方的に規制された。占領政策の目的は、日本古来の文化を否定し、アメリカに従属する産業社会を作る事にあったと思われる。

日本人にとって罪・穢れを祓うものとされてきた大麻草を犯罪として規制する事は、大麻草に対する従来の価値観の完全なる否定である。また大麻草は、自給自足型・環境保全型の社会にとって極めて有用な素材であり、これを規制し石油系の資材に頼る産業構造にする事は、アメリカに経済的にも従属する産業構造への転換を意味していたと思う。

日本は、明治維新によって近代化の道を歩んだが、特に第二次世界大戦後は、戦後生活の建て直しという事もあり、物中心の競争原理に立った経済活動を優先してきた。また、生活習慣も、例えば、食生活が米からパンに変わり、畳の生活も椅子の生活に、薬の分野でもいわゆる化学的合成薬が取り入れられ、従来の東洋医学は軽視されてきたのである。大麻草は薬用としても何千年も使用され、日本薬局方にも当初から有用な薬として登載されていたにもかかわらず、大麻取締法の施行に伴って薬局方から除外されてしまった。

日本人の伝統の中には、自然を聖なるものとして大切にしてきたものがあった。しかし経済復興の名のもとに、例えば原子力開発や大規模ダムの建設等自然生態系とそこに住む人々の生活を破壊する経済開発が国策として進められてきたために、川や海、そして大気は汚染されてしまったのである。大麻取締法は、日本人にとって、大自然のシンボルであり罪・穢れを祓うものとされてきた国草ともいえる大麻草を、聖なるものから犯罪にし、さらに大麻草の持つ産業用や医療用の有効利用を妨げているのである。

3．第2次大戦前の日本における大麻草の栽培風景は、１９２９年の第16回二科展に発表された清水登之氏の「大麻収穫」という絵のとおりである（＊本書10頁の絵）。清水氏は栃木県出身であり、その絵は1920年代の栃木県鹿沼地方での大麻収穫風景を描いたものである。

また、中山康直氏著の「麻ことのはなし」評言社2001年10月10日発行の46頁に、農業絵図文献よりの引用として「古来から日本の各地の畑で見られた麻刈りの風景」という題で次の絵が紹介されている。

さらに、昭和12年9月に栃木県で発行された大麻草の生産発展を目的にして発行された「大麻の研究」という文献があり、その45頁で日本における麻の分布図を引用しているが、その内容は次のとおりであり、大麻が日本全国において縄文時代の古来から栽培利用されてきた事は明らかである。なお、「大麻の研究」の末尾で著者（栃木県鹿沼在住）の長谷川氏は次のように述べている。

「斯る折に本書が発刊されこの方面に関心を持つ人達に愛玩吟味されて日本民族性と深い因縁のある大麻に対する認識を新たにし、是が生産発展上に資せられたなら望外の幸と存じます。」（「地球維新　vol.２」明窓出版　6〜7頁参照）

日本における麻の分布図を紹介する。

大麻草の栽培が日本の伝統的な文化財である事は、大分県日田郡大山町小切畑で大麻すなわち麻の栽培をしている矢幡左右見さんが1996年6月26日、文化財保存技術保持者として文部大臣から認定を受けた事からも明らかである。大山町のホームページでその記事の要約を次のとおり紹介している。

このように、大麻草の栽培者が文化財保存技術保持者として文部大臣から認定を受けているのであり、大麻草すなわち麻を犯罪として取り締まる事が不適切である事は、明白である。

『矢幡さんは、昭和6年に栽培を始め、49年から福岡県久留米市の久留米絣

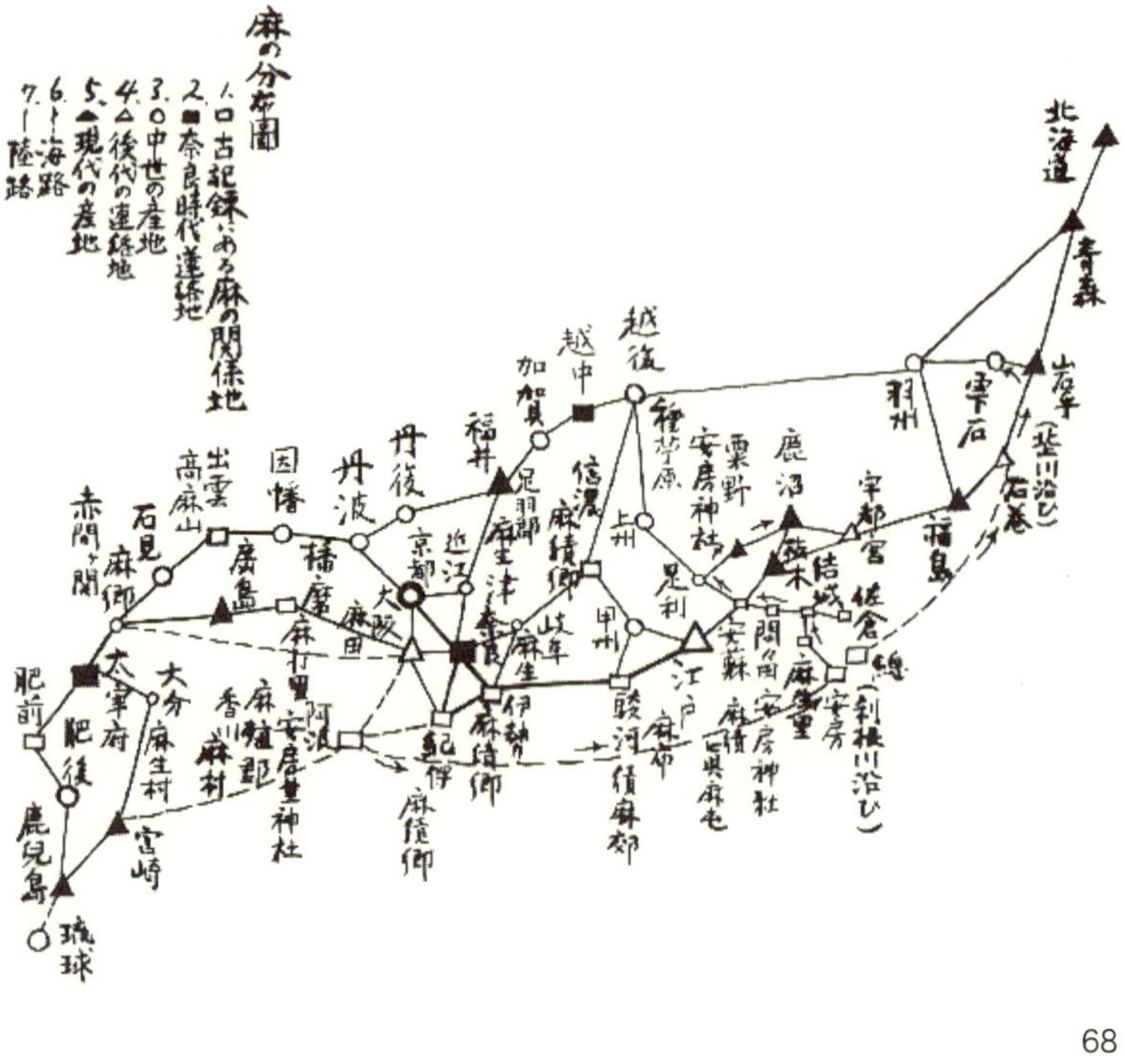

（かすり）技術保存会から正式な依頼を受けて粗苧の製造を始めました。以来、矢幡さんは毎年、粗苧20kgを出荷しています。粗苧（あらそ）とは、畑に栽培され、高さ2メートルに成長した麻を夏期（7月中旬頃）に収穫して葉を落とし、約3時間半かけて蒸し、さらにそぎ取った表皮を天日で一日半ほど乾燥させて、ひも状にしたものです。粗苧は、国の重要無形文化財である「久留米絣」の絣糸の染色の際の防染用材として使われ、久留米絣の絣模様を出すためには欠かせないものです。しかし、栽培・管理の手間に比べて利益率が低い事から生産者は減少の一途をたどり、現在では矢幡さん一家を残すのみとなりました。久留米絣の模様は粗苧なしではできないといわれており、粗苧が無形文化財の保存・伝承に欠く事のできないものであるという事から、今回の認定になりました。矢幡さんは、「ただ、自然にやってきた事だけなのに、とても名誉な事です。」と話しています。』

また、「麻　大いなる繊維」と題する栃木県博物館1999年第65回企画展（平成11年8月1日―10月24日）の資料集では、次のあいさつを紹介している。

「ごあいさつ
麻は中央アジア原産といわれ、わが国への渡来も古く、古代より栽培されています。
表皮を剥いで得られる繊維は、他の繊維に比べ強靭で、肌ざわりがよく、木綿や羊毛、化学繊維が登場するので、衣服や漁網、下駄の鼻緒の芯縄、各種縄などに用いられてきました。その一方では麻は特別の儀礼や信仰の用具に用いられ、現在でも結納の品や神社の神事には欠かせない存在となっています。麻は実用のみならず信仰・儀礼ともかかわる、まさに大いなる繊維でした。

ここでは、質量とも日本一の「野州麻」の産地である足尾山麓一帯で使用された麻の栽培・生産用具、麻の製品、ならびに東北地方の一部で使用された麻織物に関する用具や麻織物を展示するものです。

麻がどのように生み出され、利用されてきたか、大いなる繊維「麻」について再認識していただければ幸いです。

おわりに、本企画展の開催にあたり、御指導御協力をいただきました皆様にこころより、御礼申し上げます。

平成11年8月1日

栃木県立博物館館長　石川格」

そして、表紙の2頁目では、次の鹿沼市立北小学校校歌が紹介されているが、このような麻が第2次大戦後の占領米軍による占領政策でもって犯罪視されてしまったのである。

「鹿沼の里に　もえいでし
正しき直き　麻のこと

世の人ぐさの　鏡とも
いざ　伸びゆかん　　ひとすじに」

（「地球維新　vol.2」213～217頁参照）

第2．大麻取締法の違憲性2

大麻取締法の保護法益が、過去の判例のように「国民の保健衛生」であるとしても、大麻草には、刑事罰をもって規制しなければならない有害性がなく、大麻取締法は、憲法（第13条・第14条・第19条・第21条・第25条・第31条・第36条）に各違反する。

大麻草には致死量がなく、アルコールやニコチンタバコに比べて心身に対する作用は極めておだやかであり、個人の健康上も格別に害のあるものではないので、「国民の保健衛生」を具体的に侵害するものではない。

犯罪とは人の生命・身体・財産という具体的な保護法益の侵害であるが、大麻取締法違反事件においてこの様な法益侵害はまったくみられないのである。

巻末の参考資料の大麻の研究論文などを参照していただきたい。

大麻取締法の当否を考える場合に、私は法律家ですから依拠しているのは日本国憲法です。司法試験の勉強でも、憲法の勉強を第一にしてから民法や刑法の基本をやっていくという手順をとりました。

そして、憲法をきちんと理解して、それを実現するために法律家をやっています。だから憲法に問題があれば憲法自体も改正していけばいいわけですが、私は日本国憲法は素晴らしい内容であるというふうに思っております。日本国憲法は占領米軍の意向もありましたけれども、近代憲法の伝統を引き継ぐ素晴らしい内容だと思います。

今日のレジュメの中に憲法とはどういうものかという事が書いてありますが、ちょっとそれを読みますね。これはインターネットから引用したものですけれども「憲法とは国家の組織や統治の基本原理・原則を定める根本規範（法）をいう。近代的な立憲主義においては、憲法の本質は基本的人権の保障にあり、国家権力の行使に枠をはめて、無秩序で恣意的な権利侵害が行われないようにするためのものであるとされる」と紹介してあります。だから、憲法の基本的な骨子は人権の保障です。それが基本であります。

そして国民が主権者である、国民が国の主人公である事を前提にしまして、国民の人権を守る事が日本国憲法の基本理念です。さらに、日本国憲法の特徴はその9条で平和主義を徹底しておりまして、国際紛争を解決する手段として戦争を放棄し戦力を否認しているところにあります。日本国憲法は、人権の保障と平和主義が大きな特徴になっていまして、全ての法律はこの憲法の原則に従って運営されなければなりません。憲法に違反する法律は違憲立法でして、98条で無効とされます。

そしてこれを審査するのが司法裁判所です。従って司法裁判所は、厳密に憲法の原則に従って法律の審査をしなければなりません。これは憲法の原則なんですが、実はこの原則は現在形骸化しています。憲法79条で、最高裁判所の裁判官は内閣で任命するという事になっており、内閣、つまり政府の意向を反映するような人が裁判官に任命されていますので、最高裁判所をはじめとする司法裁判所は、政府の意向にそった判断をする傾向があります。

そして、大麻取締法は違憲立法の典型ではないかと思いますが、最高裁判所を始めとする司法裁判所は、大麻取締法の違憲性を認めていません。

大麻取締法は、目的規定も存在せず、保護法益も不明確な法律であり、形式上も欠陥法でありますが、このような法律がそもそも国会で通る事自体が不思議な事です。私は司法試験の勉強をやり、司法研修所で裁判に必要な起案などをやってから実務家になったんですけれども、法律実務家として大麻取締法のような法律を起案するというような事になりますと法律実務家として不適格とされると思います。大麻取締法は、法律として欠陥法でありましてこのような法律はそもそも国会で通るということ自体が不思議です。

皆さんは、大麻取締法をご覧になった事がないと思いますが、長吉さんが書かれた「大麻入門」や私の著書「地球維新2」という本に紹介してありますので、参考にしていただければと思います。一般の人は、大麻取締法というのはどういう法律かという事がよく分らないんじゃないかと思います。

実は大麻取締法は、大麻草という植物を規制している法律なんです。私は、今日は麻の褌《ふんどし》を着用していまして、大麻取締法の目的は大麻草という植物の栽培や所持を規制していますが、その主たる理由は大麻繊維の規制ではないかと思います。大麻取締法は、国民が大麻草を吸って問題を起こすといけないからという理由で作ったという意見もありますが、実は大麻取締法は、大麻草を吸う事を規制している法律ではありません。大麻草という植物の活用を規制している法律であり、具体的に言いますと、大麻草からできる麻の繊維とか麻の実の活用を規制する事と大麻草の医療用の使用を規制している法律です。

大麻取締法は、第二次世界大戦後の日本を石油繊維の市場にするというアメリカの植民地政策を基に、麻の繊維を規制するためにできた法律です。だから大麻製品規制法と言ってもいいんです。私たち日本人は、1万年以上前の太古から、衣類として麻の服（例えば下着は麻褌《ふんどし》）を身につけてきたわけですけれども、第二次世界大戦以降は下着は石油製品のパンツに代わってきましたよね。私なんかも石油製品のパンツを履く事が当たり前みたいに思っていましたけれども、実は日本人の過去の伝統を見れば、衣類としては、麻の下着や麻の服を身につけていたわけです。

だから、簡単に言えば大麻取締法は麻の繊維を規制する法律で、具体的に言いますと麻の褌《ふんどし》を規制している、麻褌《あさふんどし》取締法なんですよ。だから私はあえて麻の、できれば国産の麻の繊維の褌《ふんどし》を身につけるという事を実践して、大麻取締法に対抗したいと思っています。

そこで大麻取締法の問題点なんですが、大麻取締法は麻の栽培とか所持を禁止しています。そして一定の要件、つまり免許があればいいんですが、免許なく大麻を栽培したり所持したりする場合は、懲役刑という制裁を受けます。逮捕という身柄拘束を受け、さらに刑務所に強制的に服役されられるわけです。私が先ほど言いましたとおり憲法の最大原則は基本的人権の保障ですね。基本的人権の中心は思想表現の自由・行動の自由なんですよ。そして身柄拘束を受けるという事は、最大の人権侵害ですよね。つまり行動の自由を保障するのが憲法であり、それを守るために法律があるはずなのに、大麻取締法という法律が人権侵害をしているんです。

憲法の原則からすれば、法律とは人権を守るものです。例えば殺人罪というのは人の生命を奪う事です。従ってそれを守るために刑法があり、殺人者に対しては刑法による制裁を受ける、逮捕され懲役刑に処せられるわけです。そういう具体的な法益の侵害つまり国民の人権を侵害するが故に逮捕されるわけです。住居侵入罪は、人の部屋に勝手に入ってくる事を守るためのものです。日本国憲法は、思想表現の自由や集会結社の自由を保障していますので、もし今日のような集会が禁止され、警官隊が入ってきて解散させられる事を防ぐために憲法で基本的人権が保障されているんです。

そうすると、大麻草を栽培して捕まるという事は最大の人権侵害ではないですか。自分の家で大麻草を栽培する事が認められないのですから、それによって身柄拘束を受ける、刑務所まで行かなくちゃいけないわけですから、最大の人権侵害です。だから大麻取締法は大麻栽培や所持を認めないという人権侵害を認めている法律であり、憲法違反の典型であると思うんです。

法律、特に国民に刑罰を課する法律には国民の生命・身体の保護という法益の侵害を防ぐという立法目的が必要です。例えば殺人行為ならば生命を侵害するわけですから殺人罪として当然処罰されてもやむを得ないんですけれども、大麻草の栽培や所持で具体的にどのような弊害があるのか、何のための法律なのか、そこで守られる保護法益とは何なのかという法律を裏付ける社会的な必要な事実、これを専門的に言いますと立法事実と言うんですよ、この立法事実が、大麻取締法にはありません。

そして、大麻取締法には、立法目的が書いていないんです。立法目的がない法律ですよ。だから私は大麻取締法は、形式上も欠陥法であって無効ではないかと思います。一応国会を通過していますから現在法律として有効に運用されているわけですけれども、憲法31条では適正な手続きに依らなければ生命もしくは自由を奪われ、又はその他の刑罰は科されないという適正手続というものが保障されているわけで、この適正手続と言うものは形式的に法律という形をとっていればいいというものではございません。内容も適正でなければなりません。そう考えた場合に大麻取締法は立法目的が不明確法で保護法益も不明確という事になりますので、私は憲法の適正手続の保障という考え方からして無効ではないかと思っています。そして、大切な事は、大麻取締法が無効である事を多くの人が一人一人強く思う事ですね。我々の意識が反映して政治が行われるわけですから、そういう確信を持った人が増えれば増えるほど、大麻取締法の無効が現実化するんだと思うんです。

私は、今から35年前（１９７５年）に弁護士として最初に大麻取締法の弁護をしましたが、その時、大麻取締法という法律に大変な違和感を感じました。その事件は、自宅に大麻草があったという事でアメリカ人の青年が逮捕された事件でしたが、大麻草というものを、まあ煙草でもアルコールでもいいんですけれど家に置いてあったというだけで、どうして逮捕されるかなと非常に違和感を持ったんですよ。つまり、刑法を勉強しますと被害の発生を犯罪というんですよ。これは犯罪論の基本です。つまり被害の発生があり、そしてそれが端緒になって事件になるわけです。そして警察が動くわけですが、大麻取締法違反事件においては、被害がないんですよ。自宅というプライベートなところに大麻草がたまたまあったというだけですから。そうしますとおかしいなと。自分が刑法の犯罪論や憲法の人権論を勉強して実務家になってですね、なんら被害がないのにどうしてこんな事で捕まるのかなと。

それが、大麻取締法違反事件に関して、最初に感じた私の法律家としての違和感です。変だなと思って大麻取締法を調べたら、大麻取締法には、目的規定すら書いていないという事が分かりました。

そこで、さらに調べていくと大麻取締法は、GHQによる占領政策の中でいわば強制的にできた法律であるという事が分かりました。だからこんな法律ができちゃったんだなと思いました。そこでまあ占領政策だからやむを得ないのかなと思いましたけれども、占領政策の根拠になるポツダム宣言を読んでみたんですよ。ポツダム宣言というのは、日本を占領する目的が書いてあるわけですが、これは日本から軍国主義や戦争遂行勢力を除去する事が目的です。この目的のために連合軍が駐留する。それがポツダム宣言なんですよ。

これはアメリカとイギリス・中国の代表者が合意した内容なんです。そしてこのポツダム宣言を日本政府が無条件で受託し、GHQ（連合国占領軍）の支配下に入ったわけです。だからGHQはなんでもできるわけじゃないんですよ。あくまでポツダム宣言の趣旨に従って日本の占領政策を進行しなければならないと思います。

ところが、大麻草の規制についてこのGHQのやっている事は、ポツダム宣言に違反するのではないかと私は思います。と言うのは、ポツダム宣言には国民の基本的人権を守ると書いているんです。戦争遂行勢力を排除し民主国家を作る事が目的ですから。ポツダム宣言には、10項というのがありまして、「日本国政府は日本国国民の間における民主主義的傾向の復活強化に対する一切の障害を除去すべし。言論宗教及び思想の自由並びに基本的人権の尊重が確立されるべし」と書かれています。

大麻草の栽培の自由はまさに基本的人権ではないのでしょうか。日本人の生活にとって必要なものであり、そもそも植物の栽培自体自由な事だと思います。だからこれを規制する事自体人権の侵害になりますし、これはポツダム宣言にも違反するんではないかと思うんです。

そして、さらにポツダム宣言7項では、こういう事も言ってるんですよ。「日本国の戦争遂行能力が破砕されたる事の確証あるにいたるまで、日本国の領土を占領できる」つまり、軍国主義勢力が排除されて国民に基本的人権の保障がなされ、国民の自由な意思に従い平和的傾向を有する政府が樹立された場合には。連合国の占領軍はただちに日本国より撤退されるべしと規定しているわけです。だから少なくともですね。日本国憲法が制定・公布された段階で、基本的人権が保障され、平和主義が確立されたわけですから、この段階で占領軍は撤退しなければならないと思います。憲法は昭和21年の11月に公布され、翌22年の5月3日から施行されているんですよ。少なくとも昭和22年5月3日から施行されていますので、この時点で占領軍は撤退するべきなんです。だから、それ以後も駐留を続けたのはポツダム宣言に違反すると思います。

そのような大きな重要な問題もありますけれども。大麻草の規制も同様だと思います。そこで、GHQの命令下で作られた法律だからやむを得ないという考え方自体をもう一度検証する必要があると思います。大麻草を規制するポツダム命令自体がポツダム宣言に違反しているのではないかと。

さらに、大麻取締法は昭和23年の7月に施行されていますが、憲法ができた1年後ですから憲法の諸原則に従ってこの法律の当否を審査しなければいけないと私は思っています。

言いたい事が色々ありますが、大麻取締法で規制している大麻草の定義上の問題点を指摘したいと思います。大麻取締法第2条では、大麻草（カンナビス・サティバ・エル）とされていますが、カンナビス・サティバ・エルの意味が問題になります。エルというのは、植物学者のリンネの事ですので、カンナビス・サティバ・エルの意味は、リンネの発見したカンナビス属のサティバと呼ばれる種類であるという事なんですね。そして、カンナビス・サティバ・エルという植物は、日本では、一万年以上前から栽培利用されてきた麻の種類で主に繊維用のものです。

大麻草には三つぐらい種類があるんですけど、サティバ種以外にはインド大麻（「カンナビス・インデカ」と呼ばれています）と言われているものが有名です。インド大麻には、ＴＨＣ成分がたくさん入っていまして、これがメディカル＝医療用に過去数千年間東洋医学やアユルベータ医学などで使われてきたものです。インド大麻は医療用の大麻ですけれども、実は大麻取締法は、医療用のインド大麻を規制するというよりは、サティバ種つまり繊維の採取を目的とする麻を規制する法律です。

従って私は大麻取締法は、１９６１年の麻薬に関する単一条約、これは大麻取締法の上位法に当たる法律ですけれども、この単一条約に違反しているんじゃないかという事なんですね。と言うのはこの単一条約は、園芸及び産業用の目的の大麻草の栽培については適用しないと言っているんですよ。大麻取締法はまさに、産業用の目的の大麻草を規制している法律でありまして、いわゆる医療用に使われて来たインド大麻を規制する法律ではないんですね。そこのところが大きな問題です。

ところが、現実の取締の実務においては、大麻草を取り締まるというよりは、精神活性作用のあるＴＨＣ成分を取り締まっているように運用されています。そして、大麻を吸う事が悪いみたいに宣伝されていますが、大麻取締法自体では大麻草を吸う事は規制していません。

大麻草の所持・栽培が免許制になっているだけでありまして、大麻草自体を吸ったりする事は禁止されてないんです。つまり大麻草を吸うかどうかは問題ではないんですね。麻という繊維を作る植物の栽培や所持を規制する、つまり、日本の麻産業を規制する法律なんですよ。ここのところを本当によく理解してもらいたいです。

マスコミは完全に歪曲して伝えていますし、取り締まり当局や裁判所も大麻取締法を正しく理解して運用しているものではありません。この点は強調しておきたいと思います。

「衣食住に麻のある自然生活の実践」　赤星栄志

Hemp Revo, Inc.代表、ＮＰＯ法人バイオマス産業社会ネットワーク理事
ＮＰＯ法人ヘンプ製品普及協会理事　博士（環境科学）

日本大学農獣医学部卒。農業法人スタッフ、システムエンジニアを経て、バイオマス（生物資源）の研究開発を行う「Hemp Revo, Inc.」を設立。麻に関する海外事情の情報発信や日本の伝統工芸の保存活動などを実践している。最近、麻の利用研究で博士号を取得。著書「ヘンプ読本」（築地書館）、「体にやさしい麻の実料理」（創森社）「ヘンプオイルのある暮らし」（新泉社）等

日本における麻産業の現状

大麻草は、国際的に麻薬に関する単一条約、日本において大麻取締法によって規制している植物である。一方でその繊維および種子は、精神作用物質を含まず、歴史的に生活の中で使われている事から条約および国内法においても規制対象外である。その根拠には、１９６１年に制定した単一条約の28条2により「この条約は、もっぱら産業上の目的（繊維及び種子に関する場合に限る）又は園芸上の目的のための大麻植物の栽培には、適応しない」と明記され、また、１９４

8年に制定した大麻取締法の第1条に「この法律で『大麻』とは、大麻草（カンナビス・サティバ・エル）及びその製品をいう。ただし、大麻草の成熟した茎及びその製品（樹脂を除く）並びに大麻草の種子及びその製品を除く」と明記されているのである。EUおよびカナダでは、1990年代から環境問題と健康問題の高まりから規制対象外の繊維、および種子の産業利用を始めている。日本でも北海道北見市で、産業用大麻栽培特区の認定（2008年）のように地域活性化に役立てようとする動きが始まっている。

【衣料・小物】高温多湿な日本において、「麻」の服は欠かせないものである。オーガニック・コットンと並んでヘンプは、アパレル業界で新素材として認知されているが、衣服は流行に左右されやすい。1999年には、大麻原料、糸、織物の合計が1323トンまで急激に輸入量が増えたが、2005年には150トンに落ち込んでいる。今は貿易統計ベースで3億円程度の市場規模である。財布、バッグ、アクセサリーなどの小物も根強い人気があるが、'08年～'09年から麻褌《ふんどし》のファンが増殖している。商品開発力や品質を上げる努力を続ける事によって、再び盛り上がると思われる。

【食品】麻の実は、七味唐辛子の一味として入っており、タンパク質と食物繊維と脂肪酸と3つがバランスよく、必須脂肪酸やミネラルが豊富で栄養価が高い。麻の実の堅い殻をむく技術がドイツやカナダで開発され、クルミのような味で大豆のように加工食品できる麻の実には、カンナビシンAという抗酸化物質が発見され、生活習慣病の予防効果が注目されている。日本では、年間の輸入量が1100トンほどあり、ほとんどが鳥のエサとして流通しているが、麻の実を食べる人は年々増加している。麻の実ナッツは、栄養機能食品（鉄、亜鉛、マグネシウム、銅）として販売されている。

【化粧品】麻の実から抽出されるヘンプオイルには、非常に高い浸透力と保湿性があり、乾燥したお肌をしっとりとさせる。薬事法によって規制されていたが、ヘンプコスメ専門会社「(株)シャンブル」が2004年にヘンプオイルを化粧品原料登録してから、日本国内の製造販売が可能となり、ヘンプコスメ商品を多数開発し、大手デパートでも販売されている。また、手作り石けんの愛好家には、ヘンプオイルの心地よさのファンも多い。

【非木材紙】2000年から日本の製紙会社2社がヘンプ紙の製造に取り組んだが、2008年の古紙偽装事件（古紙の割合が表示より著しく低かった）を受けて市販品がなくなった。今では、3つの和紙事業者がヘンプ紙を使ったランプシェードや壁紙を製作し、無薬品ヘンプパルプ25％入りのヘンプ紙が、ヤンガートレーディング社によって開発され、それを使った名刺や葉書などの紙製品を販売している。

【住宅用建材・インテリア】日本では昔から、石灰と海藻糊《かいそうのり》と麻スサを漆喰《しっくい》として利用してきた歴史がある。エコ建築・内装業「トムクラフト」は、2003年から石灰と麻チップの塗り壁材を施工及び販売している。その壁は、デザインと調湿性に優れ、リフォーム市場に広がっている。他にも断熱材、ヘンプ壁紙、塗料、麻チップのボード、ヘンプ100%蚊帳《かや》、麻布団、麻炭が開発された。EUのヘンププハウスのような構造材と外装材以外は、すべて麻壁という「麻の家」を建てたい方を、現在募集している。

【動物用敷料】海外では、繊維をはいだ後のオガラでチップ状になったものを競走馬の敷料《しきりょう》として使っている。麦藁《むぎわら》の敷料と比べて吸水性、埃《ほこり》が少なく、消臭効果があり、防虫性に優れ、クッション性があり、有害化学物質ゼロという高品質なものとして扱われている。日本でもペット用品の大手である三晃商会がリス、ハムスター等の小動物用の敷料として販売を2008年から始めた。また、沖縄では牛、豚、鶏などでの実験において、動物のストレスを軽減させ肉質を上げる事が報告されている。今後、高品質な家畜分野において利用が広がる事が期待されている。

【プラスチック・複合素材】海外では、ベンツやBMWなどの自動車用内装材にヘンプ繊維が強化材として使われているが、日本での採用実績はまだない。備蓄米の古々米と麻（オガラ）でつくったINASO樹脂が開発され、PP（ポリプロピレン）の代替製品として製造販売され、団扇、箸、ＣＤケース、ブロックが商品化され、今後の展開が楽しみな樹脂がでてきた。

【燃料】ヘンプオイルは、バイオディーゼル燃料の原料になるが、栄養価の高さを考えると燃料用にするのはもったいない。２００２年にヘンプカープロジェクトとして、北海道から沖縄までの１２５００キロメートルのキャンペーン時に２６００リットル使われただけである。今は燃料と食糧の競合を避けるために、食用作物からではなく、木質系や藻類からの液体燃料化の研究がさかんである。最近、間伐材や竹から収率20％の軽油・灯油・重油が採れ、発電も可能な小型の燃料化プラントが日本で開発され、ヘンプにも応用できる事が期待されている。

【漢方薬】麻の実は、整腸作用及び血糖降下作用のある漢方薬の原料として、麻子仁（マシニン）と呼ばれ、ツムラやウチダ和漢薬等から販売されている。麻子仁は、第十五局日本薬局方に２００６年に薬として収載され、２００９年の薬事法改正により一般用医薬品の通信販売ができない第二類医薬品に分類され、外用剤に使う場合は、第三類医薬品となった。

マリファナの主成分であるＴＨＣ（天然抽出）を使った医薬品の販売及び施用は日本において大麻取締法第四条があるために禁止されているが、２００７年から大塚製薬がアメリカでガンの疼痛《とうつう》を対象とした鎮痛剤の臨床試験及び創薬開発を始めている。また、脳内マリファナのメカニズムの基礎研究は、年間１億円程度の研究費をかけて金沢大、九州大、東大などで神経学及び麻酔学の分野で研究されている。

【農業・地域興し】現在、日本の栽培者は約50名で、作付面積6、5ヘクタールである。「伝統工芸」及び「社会的有用性／生活必需品」の2点が免許取得のための基準であり、昨今の大麻事件報道を受けて、免許許可を原則認めないところが多い。2008年8月に北海道北見市で「産業用大麻栽培特区」が北海道庁からの認定を受け、ようやく種子の確保、栽培管理法などの課題を解決するためのプロジェクトが始まった。他では、長野、沖縄、山梨、千葉、徳島などで、地域興しとして栽培許可を受けるための交渉を続けている。

EUにおいて大麻草は、EU規則（Regulation）の農業分野の執行規則（EC）No.1673／2000に基づく補助金スキームである。フランスでは、昔から紙パルプ用に栽培していたために一度も規制された事がなく、ドイツでは、全面的に禁止されていたが、1996年に薬物法から産業利用を規制対象外とし、EU規則に基づいて栽培している。

カナダでは、1994年~1998年に研究調査が行われた後、カナダ保健省は、一定の制約のもとで農業・産業分野に活用する事を決定した。それは、1997年に施行した連邦法の規制薬物・物質法に1998年に産業用大麻規則を設けて栽培を解禁するものであった。カナダの規則で特徴的なのは、免許が栽培、輸入、輸出、加工、配送、所有、育種、分析、サンプル調査と

産業利用の観点からみた４カ国の大麻草の規制

	EU*		カナダ**	日本***
	フランス	ドイツ		
法律の位置づけ	EU 規則が優先 補助金スキーム	EU 規則が優先 補助金スキーム	規制薬物・物質法に基づく規則	麻薬５法の中の一つ
法律名	公衆衛生法典	薬物法	産業用大麻規則	大麻取締法
法律制定年	1970 年 産業利用は法典制定時から規制対象外	1996 年 産業利用に解禁	1998 年 4 年間の研究を経て栽培解禁	1948 年 GHQ 占領時に制定
許認可制度	EU 規則を順守 加工会社は認可が必要	EU 規則を順守 栽培農家は州当局へ届出	保健省（州）からの栽培許可 許可の区分は 9 種	都道府県知事による大麻取扱者免許 栽培者および研究者免許の 2 種
栽培条件	THC0.2％未満の品種に限る	THC0.2％未満の品種に限る	保健省が認可した THC0.3％以下の品種に限る	伝統工芸、社会的有用性のあるものに限る
アサの利用部位	THC 基準を満たせばすべて利用可能	THC 基準を満たせばすべて利用可能	THC 基準を満たせばすべて利用可能	茎、種子のみ
種子供給	国内の政府認定の専門種子会社	フランスの指定会社	保健省の許可を得た種子会社	栃木県は農業試験場、他は特になし
補助金	有	有	無	無
作付面積 (2006 年)	8,083ha	1,233ha	19,458ha	6.6ha
用途例	紙、断熱材、敷料、建築、食品など	断熱材、敷料、食品など	食品、化粧品	神社用、麻織物、お盆行事用、茅葺屋根

* Valerie,V.L.; Hemp Support:Evolution in EU Regulation, Journal of the International Hemp Association. 2002, 7(2), p.17-31.
**カナダ保健省 Industrial Hemp Regulations (SOR/98-156):
***厚生労働省医薬食品局監視指導・麻薬対策課. 麻薬・覚せい剤行政の概況. 厚生労働省. 2008, 181p.

全部で9種類あり、生産から輸出入までを管理している点である。

日本では、1948年にGHQ占領下で大麻取締法を制定し、栽培するには、都道府県知事が許可する大麻取扱者免許が必要であり、農業者が取得する栽培者免許および大学や麻薬取締関係者が取得する研究者免許の2種類がある。申請窓口は、各当道府県の薬務課または保健所であり、厚生労働省発行の通知によって許可基準の目安がある。

〈大麻取扱者免許に関する厚生労働省発行の文書〉

平成10年7月21日愛知県知事が出した大麻取扱者免許交付却下処分に対する審査請求に係る裁決書（平成11年1月14日厚生省収医薬第15号）

種子や繊維を農作物として出荷したり、伝統的な祭事に利用したり、栽培技術を代々継承したりするなどの何らかの社会的な有用性が認められるものでなければ、大麻の栽培を必要とする十分な合理性がないものとして、免許権者の判断により免許申請を却下することができると解するのが相当である。

大麻栽培者免許に係る疑義について（平成13年3月13日付医薬監発麻第294号）

その栽培目的が伝統文化の継承や一般に使用されている生活必需品として生活に密着した必要不可欠な場合に限り免許すべきもの

特区制度は、平成14年に施行した構造改革特別区域法に基づき、規制の特例措置を定めた特別区域を設定し、教育、農業、社会福祉などの分野における構造改革を推進し、地域の活性化を図る事を目的としている。複数の地域がこの制度を利用してTHC含有量が極めて低いアサの規制緩和の要請を実施した。しかし、すべての要請において「C：特区として不可」であった。

フランス、ドイツ、カナダと日本で最も大きな違いは、THC基準の有無である。過去にドイツの産業用大麻の花穂を使ったビールを日本の会社が輸入時に税関で止められ、THC含有量が裁判で争われた事件がある。その判決では「大麻取締法は規制対象をTHCの含有量によって区別していないし、このような区別をする事が大麻取締法の解釈上自然かつ合理的であるともいえない」と判断した。このビールは、THC含有量が0、03%であったにも関わらず、規制部位の花穂を使っていたために違法となった例である。フランス、ドイツ、カナダでは産業用大麻であれば花穂からのビールおよび香水、葉からのハーブティなどの製品は合法であるが、これらは日本では輸入および製造が違法となる。

特区要請では、3地域ともに産業用大麻という概念の導入を特定地域内で適用する事を求めたが、厚生労働省は大麻取締法上にTHC含有量での区別がないため特区として認められないと回答している。

法律論では、植村（＊編集註「大麻取締法の解説〈注解特別刑法5—Ⅱ医事・薬事編［2］〉

の筆者）によると「ＴＨＣを含有しない大麻草が新たに種として固定されるようになったときは、同一に論じえないのであって、この種の大麻草は本法の適用を受けないことになろう」と指摘し、船山（＊編集註　日本大学法学部教授）は、「将来の規制方法としてはＴＨＣそのものを規制対象に取り上げる方が合理的かもしれない。大麻草を規制対象のベースとしている現行の大麻取締法は、この見地から見直しが必要であると思われる」と指摘している。実際の麻栽培において栃木県では行政試験で無毒大麻試験があり、ＴＨＣ含有量は、カナダの産業用大麻の基準ＴＨＣ０、３％以下と同等である。岐阜県では、ＴＨＣ０、２５％未満の繊維型を合格とし、それ以上の麻の株は抜き取られ、翌年にその株からの種子は栽培できない管理をしている。つまり、日本の法律ではＴＨＣの区別は明記されていないが実務上はＴＨＣ基準が存在している。

　特区要請において種子の要望が多いのは、栃木県農業試験場で管理している「とちぎしろ」が県外不出の政策をしているため、他県で種子が容易に入手できないという問題が背景にある。農林水産省のジーンバンクにある麻の種子は、栃木県の意向により大麻取扱者の免許を持っていても入手が難しい状況にある。一方で海外産の播種用の産業用大麻の種子は、関税法により発芽する種子はすべて非発芽処理（熱処理）をしなければならない。栽培者は播種用の種子が欲しいが、法制度は、薬物乱用の観点から種子拡散を防ぐためにいかなる種子も熱処理をすると定めてある。日本でアサの産業利用を展開するには、輸入に関する省令を規制緩和するか、海外のように民間種子会社や栃木県のように農業試験場からの供給体制が必要である。

大麻取締法関連の特区要請*

	長野県美麻村	岩手県紫波町	北海道北見市他 20 地域
要望時期	第 4 次提案 平成 15 年 11 月	第 5〜6 次提案 平成 16 年 6 月〜 平成 16 年 10 月	第 11〜14 次提案 平成 19 年 6 月〜 平成 20 年 10 月
要望事項①	大麻取締法第 1 条に規定する「大麻」の定義からの低毒性産業用大麻品種の除外、 産業用大麻栽培者の免許権限の都道府県知事から市町村長への委譲	大麻の栽培目的の要件緩和、町への許可権限移譲、 産業用大麻の栽培用種子の輸入解禁	産業用大麻の種子の輸入規制緩和
要望事項②	大麻栽培者による産業用大麻栽培用種子の輸入解禁		
該当法令①	大麻取締法（昭和 23 年法律第 124 号）第 1 条、 大麻取締法（昭和 24 年法律第 124 号）第 5 条第 1 項、	大麻取締法(昭和 23 年法律第 124 号) 第 5 条第 1 項大麻栽培者免許に係る疑義について （平成 13 年 3 月 13 日付け医薬監麻発第 293 号） 輸入のけし、大麻種子の取扱いについて(昭和 40 年 9 月 15 日付け薬発第 708 号通知)	輸入割当てを受けるべき貨物の品目、輸入の承認を受けるべき貨物の原産地または船積地域その他貨物の輸入について必要な事項の公表を行うなどの件（昭和 41 年 4 月 30 日通商産業省告示第 170 号） 輸入のけし、大麻種子の取扱について(厚生省通知:昭和 40 年 9 月 15 日薬発第 708 号)
該当法令②	輸入のけし、大麻種子の取扱いについて（昭和 40 年 9 月 15 日付け薬発第 708 号通知)、		
交渉結果①	C：特区として不可 I：法律上の手当てを必要とするもの	C：特区として不可 I：法律上の手当てを必要とするもの	C：特区として不可 III：省令・告示上の手当てを必要とするもの
交渉結果②	C：特区として不可 IV：訓令又は通達の手当てを必要とするもの		

＊構造改革特区　http://www.kantei.go.jp/jp/singi/kouzou2/teianbosyu.html　を参照して作成

【講演】

今日は、衣食住に麻のある自然生活の実践という事で、麻がどのように我々の生活で役に立つ植物なのかというお話をしていきたいと思います。

そもそも、なぜ私が麻をやっているかというと根幹に関わる事ですが、基本的に今はグローバリゼーションで市場経済主義という世界の流れがあります。これは、地下資源である石油を中心としたシステムであり、今後、資源の枯渇により崩壊していく運命にあります。これを解決するには、すでに答えは決まっており、バイオリージョナル（生命地域主義）であり、太陽の力で育まれるバイオマスと呼ばれる木や草や農林水産業の廃棄物を中心とした社会に変わっていく事なのです。大事な点は、グローバリゼーションとバイオリージョナルでは、明確に「豊かさ」の定義が違うというところです。前者は、モノやサービスを買うという行為によって、豊かな社会にしようという価値観で、後者は、農作物、教育、国際協力、工芸品などの作る豊かさを求める社会です。作る豊かさの価値観に麻が非常に役に立つのではないかという視点をもっております。

麻は英語でヘンプといいます。世界の繊維作物では10番目には入るのですが、統計上はたったの2％まで落ち込んでいます。今は、世界の歴史上で麻がもっとも無い時代と考えられます。同じ繊維作物である綿花（コットン）が81％を占め、それと比較してもかなり少ない事がわかります。

縄文時代草創期の1万年前から江戸時代まで、衣服や縄の自給用として用いられていました。江戸時代に綿が普及し、麻は武士や商人の富裕層のものになった。明治から昭和初期に輸入のマニラ麻、ジュート麻の普及によって減少し、戦時中に例外的に軍事用に増加しました。戦後は、化学繊維の普及のために激減しました。現在、栃木県が日本で最も大きい生産県ですが、それは明治時代に入ってから全国的に減ってきて、栃木県だけが同じ生産量を保っていたためです。日本ではどこでも麻を栽培していました。

戦後の麻の用途は、主に下駄の芯縄が51％、漁網、畳の経糸でした。これらは生活様式が西洋風になってから全部なくなりました。大麻草が日本で激減した理由は、大麻が麻薬として取締の規制を受けたからではなく、単に石油化学製品に替わっていったのが原因です。2005年では、たったの8ヘクタールしか栽培面積はありません。

昔から日本では、神社の鈴縄や注連縄《しめなわ》、蚊帳の生地、横綱の綱、花火の火薬に繊維が使われ、繊維をはいだ後のオガラは茅葺《かやぶき》屋根材に使っていました。みなさんご存じかも知れませんが、一番身近な麻は、七味唐辛子の中の一番大きな種です。

一方でヨーロッパなど海外では、機械化によって大規模栽培を行い、住宅用の断熱材、ボディケア商品、壁材、ベンツなどの自動車用内装材に使われています。未来においては、石油化学から植物化学という分野に大きくシフトしていかなければならないと考えています。これは、太陽の恵みを受けて、光合成でできた成分（バイオマス）をいかに衣食住の素材に変えていくかがポイントです。今は、バイオマスから衣食住に変換する技術の革新が必要です。しかしながら、この分野にあまりお金が投資されていません。石油資源がない日本では、この分野を今後やっていかなければいけないと思います。

なぜ、麻が世界中で注目されているかというと、亜寒帯、熱帯、温帯、乾燥帯と幅広い気候帯に適応できるという特性があり、世界中どこでも栽培ができるからです。石油のように特定の地域にしかないための利権に伴う戦争・紛争が発生しにくいのです。また、麻を栽培して加工して、地域で消費するという自給自足な社会ができます。この自給自足体系はバイオリージョナル（生命地域主義）とも呼ばれ、この社会に移行するための手段の一つに、生長が早くてどこでも栽培できる麻が見直されているのです。日本では遅れているのが残念ですが、すでに世

麻が栽培可能な地域

亜寒帯、温帯、熱帯、乾燥帯の幅広い気候に適する

すなわち、ある地域で麻の自給自足経済モデルをつくると、世界中の各地に適応することができる。今、その世界的競争が始まった！

界的競争が始まっています。

　また、麻が注目されている理由の一つに、持続可能な農業に適しているという事があります。具体的には、麻は病害虫雑草に非常に強いので無農薬栽培ができます。同じ繊維作物の綿と比べると、はるかに環境負荷が少ないのです。これは、マリファナの主成分として有名なＴＨＣやＣＢＤいう成分が入っているためという事がわかっています。

　今、先進国と呼ばれるＯＥＣＤの30カ国の麻栽培状況を見ると、栽培を推進している国、していない国、栽培そのものを国が抑制している国の３つに分けられます。栽培を推進している国はたくさんあって紹介できませんが、日本とアメリカだけが国レベルで栽培を抑制しているのが現状です。日本とアメリカは、大麻の栽培政策でも共通なのです。

　麻は、産業用にどのように使われているの

OECD（経済開発協力機構）30カ国の麻

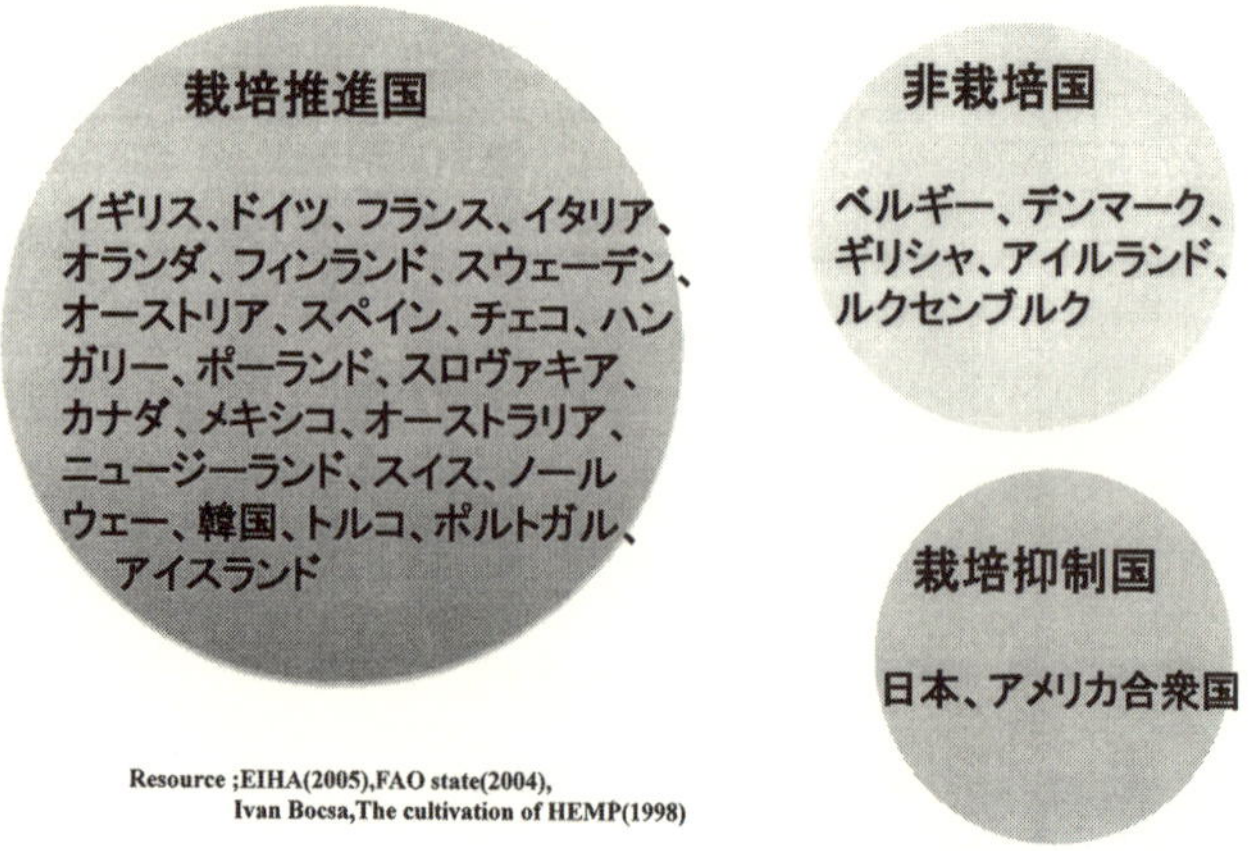

Resource ;EIHA(2005),FAO state(2004),
Ivan Bocsa,The cultivation of HEMP(1998)

かというと、種子は麻の実として扱います。麻の茎は、輪切りにすると外側の緑部分が繊維で、約2割あります。繊維を剥ぐと白い心材があり、日本ではオガラと言っているもので約8割です。これを使うと、どういう生活ができるかが次の写真となります。写真の女性は、朝起きるとヘンプの石鹸で洗顔をします。麻の実のパンと麻コーヒーで朝食をとって、ヘンプの衣服に着替えて外出します。部屋の壁の中には大麻の断熱材が使ってあり、表面は、石灰と麻チップでできた麻壁で、部屋の隅に癒し効果のある麻炭が置いてあります。飼っている猫のアクセサリーもヘンプです。仕事から帰ってきて、夜にヘンプの蚊帳の中で、ヘンプオイルでマッサージをして、ヘンプでできたランプシェードの照明の中でヘンプビールを飲む。ヘンプの枕と布団とシーツで就寝、と、今国内にあるヘンプ商品を全部集めると実際にこういう生活ができます。これは非常にセンスの良い、オシャレな生活ではないかと思っています。

麻の食材には、殻付き、殻を取り除いたナッツ、オイル、オイルを搾《しぼ》った後の粉の4つの原料があります。殻付きは七味唐辛子の中に入っているもので、ナッツは、カナダとドイツで麻の実の殻をむく技術が開発された事で食べやすくなり、新しい

食材として認知度が高まりました。また、麻には3割の脂肪酸があるので、オイルが採れます。さらに、麻の実ナッツからは、大豆と同じようにミルクとおからができます。麻の実は、天然のサプリメントと呼ばれています。

カナダではこの食品市場は11億円、化粧品が33億円の市場になっています。日本でもいくつかの商品が輸入され、百貨店などでよく見かけるのはマジックソープのシリーズです。

麻の実の栄養価で最も大きな特徴は、オイルに必須脂肪酸が8割も含まれている事です。面白い事に、リノール酸とαリノレン酸という必須脂肪酸が、厚生労働省が推奨している4対1の割合にもっとも近いのです。厚生労働省が栽培規制している作物が、栄養学的にはもっとも適したものだという事です。栄養学的にみると、規制ではなく、推奨すべき作物なのです。

昔のアメリカでは、栄養学において、パンとかシリアルとか米とかパスタを基本的に食べなさいという教育がされていたのですが、今は全穀物と良質な植物油をとりましょうとなっています。麻の実は、昔の基準でいえば、八穀という穀物の一つでもあり、良質な植物油であるため、現代人の栄養の基礎と言えるのではないかと思います。

実際に日本人に不足しがちな栄養であるαリノレン酸の脂肪酸、鉄、マグネシウム、食物繊維、亜鉛などは麻の実に豊富に含まれています。栄養学的には、日本人は麻の実をたくさん食べた方がよいのです。

さて、栄養学的に良い事がわかっていても、本当に麻の実が良いのかという疑問を持たれる方がいると思います。実は中国の広西チワン族自治区の巴馬《ばーま》という地域に、世界有数の長寿の里があります。ここは1万人当たり3，2人の100歳以上の方が全員、山仕事や野良仕事をされています。日本も長寿の国なので、1万人当たり3，4人の100以上の方がいらっしゃり、巴馬より上回っているのですが、残念ながら寝たきりが5割、トイレぐらいは動ける方が3割となっています。巴馬と比較すると、日本人の長寿の質がまったく違う事がわかると思います。

地元の長寿研究所の報告では、長寿の秘訣は、よく運動をする事、麻の実の入ったお粥を食べている事、家族が老人に対して敬意を払う事という3つをあげています。巴馬では、1日30グラムから50グラムの麻の実を食べています。毎日、子どものころからお年寄りになるまで食べています。この地域が最近、面白い研究を発表しました。麻の実に不老長寿の成分カンナビシンAが発見されたのです。カンナビシンAは、老化の原因となる活性酸素を除去する抗酸化物質として注目されています。これは、ポリフェノールの一種で、ワインとかお茶に入っているポリフェノールと同じ効果があり、含有量も同じぐらいです。

次に、繊維はどのように加工しているかというと、長さによって、紡績の糸、不織布、プラスチックに混ぜる、紙の原料などになります。様々な製品がつくられていて、実際の製品は、メルセデスベンツやBMWが有名なのですが、これは一台当たり11キロから20キロぐらい麻繊維が使われています。ベンツを所有している方は、ぜひドアのパネルをはがして見てください。麻繊維入りの基盤が出てきます。

イギリスでは、車の内装材だけでなく、外装材にも使っています。スポーツカーで有名なロータスエリーゼのエコカー仕様が、ヘンプのボディを使っています。また、繊維は住宅用の断熱材に使われています。グラスウールやロックウールの鉱物系、スチレンボードなどの石油系と比較すると、CO2排出量において圧倒的に少ない事がわかります。

ヘンプは、麻なので夏の服というイメージがあるかもしれません。ところが、ヘンプからできた衣服は、通気性が良くて、保温性がよいので、実は一年中着ていても快適なのです。ヘンプ100%の生地はあまりなく、通常はヘンプ55%、コットン45%の割合で服が作られています。これは、ヘンプのよさと綿の良さを組み合わせた割合なのです。しかも、抗菌性があって、紫外線を遮断し、他の麻系の生地と比べて柔らかいという特徴をもっています。インターネットのショップモールの楽天で、「ヘンプ」と検索すると、様々なブランドのヘンプ衣服がでてきます。たくさんありますので、ぜひ見ていただければと思います。

オガラは、繊維を取った後にたくさん発生します。それらを加工すると、炭、動物用敷料、発酵させて肥料、圧縮して建材になります。オガラを使用した壁が実用化されており、イギリスでは2008年から公共事業工法にヘンプコンクリートが採用されております。日本でも、鴨川自然王国で麻壁ワークショップを実施したり、最近では恵比寿のヘンプショップで地層のような模様ができる麻壁を建築しています。日本でも興味をもった方は、ぜひ新築やリフォームに麻壁を使ってもらいたいと思っています。

また、オガラは、日本では小動物用の敷料としてペットショップで販売され、馬の敷料では、オガラが吸水性、消臭性などで非常に優れ、馬の環境に良い事が帯広畜産大学の研究で明らかになっております。

日本ではお米と麻が二本の柱だというコンセプトで、プラスチックとして製品開発を行っています。稲と麻なので、INASO樹脂と呼んでいます。これは、賞味期限の切れた備蓄米の古米と栃木県産のオガラと石油系を10％使ってできています。生分解性はないのですが、植物度の割合がとても高いプラスチックで、団扇、CDケース、箸、ブロックなどを製品化しています。

日本では種子と種は規制の対象外ですが、産業利用や医療利用の分野がないので、この分野を普及させたいと思っています。大麻草の栽培には、都道府県知事の免許が必要ですが、その許可基準は、伝統文化であるか、社会的に有用性があるかのどちらかとなっています。

世界の大麻規制の元凶は、1930年から1962年まで、約30年間、麻薬取締長官（DEA）の職にあったアンスリンガーが「大麻は痲薬です。人を殺したり、死んだりします」という謳《うた》い文句で、あらゆるプロパガンダをした結果です。30年間、約1世代かけて、悪魔の草とされてしまったのです。最近では、アメリカも、医療利用なら14州で合法化され、非犯罪化も同じくらいの州で実現し、30年間の政策の過ちを正しくしようという動きが盛んです。特にカルフォルニア州では、1996年に医療大麻を州法で合法化し、2010年11月には、お酒と同じように21歳以上で合法化して、課税するという提案の住民投票をするぐらいになっています。結果は、合法化にはいたりませんでしたが、賛成が46％もいた事から、これは時間の問題と言われています。

大麻草の規制の矛盾点がこちらの図になります。ヘロイン、アルコール、コカイン、ニコチン、マリファナ、カフェインと並んでいますが、薬理作用の有害性の順番が、法律で見ると、あべこべになっています。ヘロインはダメだけど、アルコールは合法、コカインは違法だけど、煙草はよい、マリファナの喫煙はダメだけど、コーヒーのカフェイン摂取はよいのです。薬理学の作用と法律があべこべなのが、世界的な混乱を引き起こしています。マリファナの位置づけは、コーヒーのカフェインと同じなのです。薬理作用で規制しようと思ったら、アルコールとニコチンは、明日から禁止です。明日から全員やめてください、そうしないと全員逮捕します！　という事になります。その替わりにマリファナが合法になります。しかし、海外では常識で語られている事が、日

⚠全ての刺激物は健康を害する⚠

こんなにもあべこべ

ningfield（ヘニングフィールド）博士らの調査より

ニコチン	マリファナ	カフェイン
6	1	1(2)
4	1	2
5	2(1)	2
3	2	1
2	3	1
○	×	○

本ではまったく議論されていないのが問題です。

アメリカと日本が、マリファナに対して厳しい政策をしている背景には、複雑なものがあります。単純にお隣のカナダが、国家レベルで産業利用や医療利用に合法になっているのに、アメリカの連邦（国家）レベルでは、違法になっているのです。同じアメリカ大陸で、どうして政策が反対なのか理解できません。私なりにこの問題を調べた結果が、これから紹介する話です。

まず、アメリカには公共事業は二つあります。１つは、軍産複合産業です。アメリカが時々戦争をしているのは、公共事業なのです。だから、

混乱の元凶・薬理学と法律は

1994年、米国国立薬物濫用問題研究所（NIDA）臨床薬理学部門長He

使用率の高い薬物の中毒性比較

薬理学

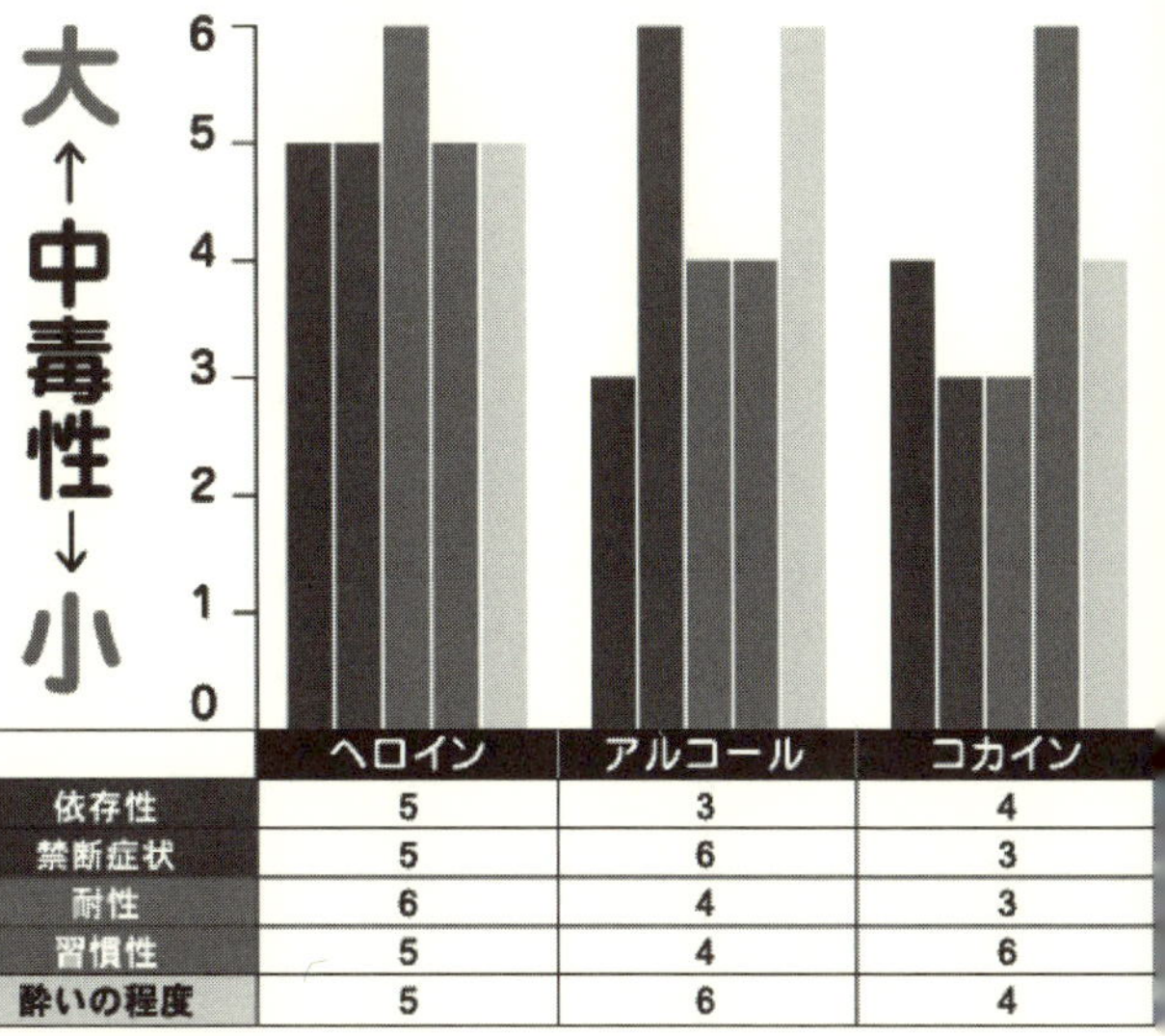

	ヘロイン	アルコール	コカイン
依存性	5	3	4
禁断症状	5	6	3
耐性	6	4	3
習慣性	5	4	6
酔いの程度	5	6	4
法律	×	○	×

平和運動をやっても止める事が難しいのです。日本の公共事業と同じですね。公共事業を止める事は、経済を止めるのと同じなので、残念ながら戦争は止まらないのです。これは、連邦政府のレベルで実施しています。

次に州は何をやっているかというと、刑務所複合産業をやっています。民間のビジネスとしてやっています。日本では公営ですが、アメリカではこれは民間のビジネスなのです。アメリカの囚人が220万という人口の1パーセントいます。少なくとも7人に1人がマリファナでつかまった人で、単純計算をすると31万人が刑務所で無償労働をしています。この刑務所複合産業はアメリカの田舎の都市にとって、地域活性化の切り札になっています。刑務所ができると企業は安い労働力を求めて周囲に工場を建設し、囚人労働によって収益を上げて、自治体への税収とするのです。これは一種の合法的な奴隷制度なのです。一定の囚人がいないと、刑務所は倒産するようになっています。だから、逮捕し続けなければいけないのです。要するにごく少数の凶悪犯や精神異常者だけでは刑務所の人手が足りず、戦力としては弱いのです。だから、優秀な労働者を確保するために、コーヒー並みの薬理作用しかないマリファナで逮捕して、優秀な労働力を送り込んでいます。私は、これを考えた人は頭がいいなと思いました。合法的奴隷制度の維持が、マリファナの取締を止める事ができない理由だと私は考えています。

最後に、あなたにできる麻の普及方法では、身近な生活に麻商品を取り入れる事がもっとも実践しやすい事だと思います。また、毎年実施している全国の麻畑サポーターという制度があり、会費を払えば、栽培からの収穫、加工体験ができます。これに参加するのもよいですね。皆さんの仕事の中で得意分野、専門分野を活かして何かをする事が大切だと思います。

また、家を建てる時やリフォームする時に、麻の素材を選択していただければと思います。もっとアクティブに活動に参加したい人は、自分の地域づくりのテーマとしてこの大麻草を選んでいただければと思います。比較的年齢の若い方ならば、職業として伝統工芸の後継者になる事も考えられます。この分野は、本当に人手不足であり、日本の麻の伝統工芸の維持のためにも大切な仕事です。

多くの方に、衣食住に麻のある生活を実践していただければと思います。

「ロック・カルチャーと医療大麻」　長吉秀夫

ノンフィクション作家、舞台制作者、NPO法人医療大麻を考える会監事

舞台制作者として全国をツアーする傍ら、執筆活動を行っている。著書「大麻入門」では、大麻の文化、大麻禁止の歴史、医療大麻、産業大麻について資料を駆使し、検証している。著書「不思議旅行案内」「タトゥー・エイジ」「大麻入門」（すべて幻冬舎）等

今回は、「ロック・カルチャーと医療大麻」というテーマでお話をします。現在、欧米社会で受け入れられている医療大麻使用の経緯には、アメリカのロック・カルチャーと市民運動が大きく作用しています。社会を変革する時に必要なものは何なのか？　そんな事を、医療大麻使用の歴史を見ながら考えてみようと思っています。

補足資料：「大麻入門」（長吉秀夫著・幻冬舎）より抜粋

1960年代後半、サンフランシスコを発信源としたフラワー・ムーブメントとともにヒッピー・カルチャーが発生する。ロックミュージックとサイケデリックカルチャーは大麻とLSDと

ともにアメリカやイギリスから世界へ広まっていく。当時の若者たちは、新たな価値観を探していたのである。そして、70年代前半のベトナム戦争では、反戦と平和の象徴として大麻がクローズアップされた。大麻のイメージは、「Love & Peace」の言葉とともに世界へと発信されていった。

1970年代のアメリカは、60年代から泥沼化していたベトナム戦争の影響で、新しい価値観と古い因習との間で常に揺れ動いていた。その一方で、70年代のアメリカ政府は、大麻の医療利用に関する研究を支援し、研究目的で使用する事ができる大麻の規格品を生産していた。しかし医療大麻研究に対しては、相変わらず大きな問題が横たわっていた。1970年に制定された「規制物質法」がそれである。この法律は、大麻を始め、ヘロインやコカイン、アルコールなどの危険度を5段階で示した、アメリカにおける規制物質についての根本的な定義である。規制物質法の中で大麻は、ヘロインなどと同等の最も危険な物質である「スケジュールⅠ」にランクされており、この法律は現在も存在している。

エイズの発生と医療大麻

1980年代初頭、アメリカ各地で確認されたエイズは、全世界に大きな衝撃を与えた。

HIV感染によって免疫不全を起こすエイズの症状は、激しい痛みや食欲不振などを引き起こし、発症患者の生命力を急速に弱めていく。エイズには化学薬品による治療も行われるが、副作用はさらに患者を苦しめる。そんな中、大麻がそれらの副作用を弱めてくれる事がわかってきた。

大麻成分には痛みを和らげ、嘔吐感を軽くし、食欲を増進させ、そしてリラックスさせる作用がある。エイズ患者たちは、大麻を吸引する事で痛みから解放される事を知り、違法である事を承知で大麻を使用しはじめた。そして担当医者たちは、非合法な大麻利用が増えるにつれ、患者の行為を黙認するケースが増えていった。

アメリカ市民たちは、大麻は連邦政府が唱えるような恐ろしい麻薬ではない事を、既に知っていた。それどころか彼らは、エイズや末期がんの治療過程で、大麻が自分たちの命を救ってくれる事を確信していたのである。

原因不明で一時はパニックを引き起こしたエイズの問題も、病気発症のメカニズムが解明されるにつれ、アメリカ市民の間に、病気に立ち向かう連帯意識が芽生えてきた。そして、非合法ではあるが、医療用の大麻を供給する私営のクラブが、サンフランシスコに出現しはじめたのである。

その中心人物の一人に、「マリファナの導師（グル）」と呼ばれたデニス・ペロン氏がいた。彼は、70年代から大麻合法運動や彼の経営するクラブを通じて、愛好者に大麻を供給していた。そして、１９９１年の夏、市内の同性愛者密集地域として有名なカストロ通りに、医療大麻供給の拠点となるクラブをオープンさせた。このペロン氏の行動は重いリスクを伴うものであったが、エイズに苦しめられていた人々にとっては、命に関わる画期的な出来事だったのである。

そして、その年の11月、サンフランシスコ市議会では、さらに画期的な出来事が起こる。

医療目的で大麻を使用する患者たちを、逮捕しない事を規定した「医療マリファナ特別条例」が、圧倒的多数で可決したのである。これによって、ペロン氏のクラブは、当局の捜査が入る事なく、安心して医療大麻を供給する事ができるようになった。そして、医療大麻合法化の動きは、カリフォルニア州全体に広がっていったのである。

「サンフランシスコ・マリファナ・バイヤーズ・クラブ」と呼ばれるようになったペロン氏のクラブも、2年後には会員が5000人を超え、順調に活動を続けていた。そして、次にペロン氏が着手したのは、カリフォルニア州内の医療大麻合法化を目指した住民投票の準備であった。住民投票を実現するためには、60万人の署名を集めなければならなかった。しかし、その署名運動も、多くのボランティアの助けを借りながら順調に進んでいた。しかしペロン氏の活動は、準備が進むにつれて州政府から敵視されはじめていったのである。

カリフォルニア州の住民投票を準備していたペロン氏は、医療大麻の強烈な反対論者であるカリフォルニア州司法長官のダン・グレン氏などによって、クラブの運営にも圧力をかけられていく。これに対抗して、クラブメンバーや地元市民らは抗議デモを繰り返す。しかし、1996年8月、ついにクラブは、一時閉鎖に追い込まれてしまう。だが、その3ヵ月後、ペロン氏のそれまでの準備と熱意が実を結び、カリフォルニア州とアリゾナ州で、医療大麻の是非を問う住民投票が行われた。その結果、両州の有権者は、医療大麻を法的に認める事に賛成したのである。これを受けたアリゾナ州政府は、有権者の意向に添うつもりがない事を表明したが、カリフォルニア州政府は市民たちの声に従った。

これをきっかけに、ペロン氏はクラブを再開した。そして、ペロン氏のクラブ以外にも、州の各地に医療大麻を供給するクラブが続々と誕生していった。

しかし連邦政府は、依然として如何なる目的であっても大麻の使用を認めておらず、州政府と連邦政府との議論は、現在も続いている。それだけではなく、州法で定められた医療大麻供給施設に連邦麻薬取締局の捜査が入り、閉鎖される事件もたびたび発生しているのである。

2006年、サンフランシスコにある医療用大麻を販売する調剤薬局に連邦麻薬取締局による捜査が入り、複数の薬局職員が検挙されるという事件が発生した。その翌月、カリフォルニア州議会は、「成人による大麻の栽培や販売については、取締りの優先順位を低く扱う事」を採択し、この事態に素早く対応した。

2008年現在、アメリカ合衆国の中の13の州が医療用大麻を合法としている。そして、12の州において、少量の個人使用に対しては犯罪として処罰しないとする、「非犯罪化」を採択している。

20世紀後半から始まった、アメリカ州政府と市民の医療大麻容認の動きは、EUやカナダなどに影響を与え、現在これらの国では、医療大麻の使用が法律で認められている。

【講演】

どうもこんにちは。長吉です。関係ない事とか色々しゃべったり脱線ばっかりしましてよく怒られます。今日は25分という事で脱線しないように、原稿を読みながら、「ロック・カルチャーと医療大麻」という題名でお話しいたします。

2010年11月2日に、カリフォルニア州で住民を対象にした住民投票があります。この選挙は、嗜好大麻の是非についての投票です。医療大麻についてはすでにカリフォルニアも含めて14州は使用する事が認められていますが、今回は、それをさらに一歩踏み込んで嗜好大麻についての投票をするという事です。これは、このあとヨーロッパも含めてどういう形で大麻の認識を変えていくかというポイントになる、非常に重要な選挙だと思いますので、是非皆さんも注目してください。

ちなみに14州で医療大麻が使用を認められていると言いますけれど、具体的には、アラスカ、カリフォルニア、コロラド、ハワイ、メイン、メリーランド、ミシガン、モンタナ、ネバダ、ニューメキシコ、オレゴン、ロードアイランド、バーモント、ワシントンがそれです。全米の30%弱のところですでに医療大麻が使われている。ちなみに、これらの州と重複するところもありますが、13州では、大麻を個人使用するのは犯罪にならない「非犯罪化」という制度を導入しています。これらの州では、医者による処方箋と医療大麻のライセンスを発行してもらう事で、ディスペンサリーと呼ばれている大麻販売所や医療大麻クラブなどで大麻を入手する事ができます。処方箋や医療大麻のライセンスを発行する基準は州によって様々ですが、中でも大麻使用について先進的なカリフォルニア州では、250種類もの疾病に対して、医療用大麻の有効性と使用が認められています。

一方、EUはどうかと言うと、すでにEU法で、産業大麻の使用が認められております。そして嗜好大麻に関しても、非犯罪化が導入されております。EUではそれぞれの国の法律がありますが、基本的にはEU法のほうが各国の法律よりも優先されますので、その部分ではEUはアメリカよりも一歩進んでいるという状況です。

ただ、カリフォルニアを含めてアメリカ市民の力というのはかなり革新的なところがありまして、もともと「医療大麻を使用させよ」あるいは「非犯罪化を認めろ」と言い始めたのはアメリカの市民なのです。そのため、大麻についての法的な扱いも、アメリカでは劇的に変わる事が多々あるのでしょう。

カリフォルニアではどれだけ簡単に医療大麻が使えるかと言いますと、例えばロサンゼルスですと400軒以上ものかなりの数のディスペンサリーがありまして、カリフォルニアで出ているフリーペーパーの巻末のリストをみますと、3頁、4頁にわたってダーッとディスペンサリーの住所が書いてあります。そのフリーペーパーの宣伝なんかを見ましてもですね、医療とは全然関係ないイベント情報とか、タイヤや日用品なんかの広告もあって、完全に生活に根付いているという状況に、いつの間にかなっています。

ちなみに大麻は、どのような疾病に有効かというと、エイズ関連の疾患や末期がん、化学療法や放射線治療の後遺症から帯状疱疹やリウマチや月経不全、ぎっくり腰などを含むすべての痛みに対しても有効だといわれています。また、大麻を吸う事で食欲が増進する事や免疫力が増す事も認められています。

さらにカリフォルニアなどですと、アメリカ人以外でも、例えば日本人が向こうに行っても、基準を満たせば医療大麻の治療ができるという、非常にオープンな状況になっています。実際に何人か、カリフォルニアに行って医療大麻の治療を受けている人に話を聞きましたけれども、すごく簡単に治療をする事ができます。

具体的には、ホテルなどではなく、アパートなどを借りて、あるいは知り合いのアパートでもかまいませんので、居住スペースとして自分が「住むところ」を決めます。パスポートと申請書と申請費用30ドルを持って役所へ行き、ステートＩＤという身分証明書を申請します。約3週間から4週間と言われておりますが、そのＩＤが入手できた段階でお医者さんに行きまして、例えば僕が聞いた中の1人はぎっくり腰だったんですけれど、腰が痛いというだけでお医者さんのところに行きます。ただ、英語がたどたどしいのでなかなかうまく意思の疎通ができなかったんですが、向こうのお医者さんは医療大麻の処方箋を出す事も仕事ですから、うまく誘導してくれて、最終的に処方箋も入手できました。医療大麻を吸いながら仕事もしていくという人の話なんかも聞いております。

このように、嗜好目的ではない医療大麻でも使わせない日本とは違って、非常にオープンに、使うんだったら徹底的に使わせようというような状況になっているのです。

また、実際にカリフォルニアで医療大麻の供給を行っている人の話では、年間300ドルのカード申請費用を支払えば、1日で申請資格を得る事ができるとも聞いています。いずれにしても、市条例や自治体のルールによって、医療大麻の扱いは日々変化しているのでしょう。

ところで、アメリカには州法と連邦法があり、常に連邦法が優先されます。そして、大麻は現在でも連邦法では厳しく禁止されています。そのため、以前はディスペンサリーや患者たちに対してFBIがガンを持って取り締まりにあたるというような事が多々ありました。このような人権侵害になりかねない事件がありましたから、オバマ大統領は2009年に、連邦政府による医療用大麻の使用に対しての攻撃的な法執行とプロパガンダキャンペーンをすべて無効にすると宣言しました。これにより、アメリカでは事実上、医療大麻の使用が可能になったともいえます。

オバマ大統領が大統領選挙中に国民が次期大統領に望む事をアンケートしたところ、トップ3に医療大麻、あるいは大麻非犯罪化という事がありました。そこについて、オバマも当選したあかつきにはなにかしらの力を出すという約束もしておりましたので、2009年にこういう話になったのですね。連邦法で積極的に法執行しないという事は、事実上アメリカでは医療大麻については容認していくという方向に完全に変わったという事です。ですから、先ほどの産業大麻の話では、アメリカと日本が規制する方向にあると言っていましたが、すでにアメリカは、自らの法律を内部で変えていこうとしているのです。

ところで、アメリカ連邦政府は、禁酒法が施行されていた1930年代から、精神変容物質について厳しく取り締まる姿勢を崩していません。原因は様々ですが、その根源にあるのは、厳格なプロテスタント、ピューリタンとしての考え方によるものでしょう。代表的なのが、ジョージ・ブッシュなどを筆頭とした、キリスト教系保守勢力といわれる勢力です。そのため、ブッシュ政権では、多くの患者や医療大麻関係者が逮捕されました。

禁酒法が成立した背景には、キリスト教の話だとかあるいはドイツ人の移民が多く飲んでいたアルコール濃度の強いスピリッツに関して禁酒法の網をかけよう、ワインに関しては別扱いにしようというような話が、当初あったようです。しかし、なかなかそれは認められず、全てのアルコールを禁止にしてしまおうという話になりました。だけど、もともとはワインは神の血という位置づけがありましたし、その中で開拓移民の中のキリスト教関係者たちは飲料水が貴重だった事もあり、お茶の代わりにお酒を出す習慣がよくあったそうです。キリスト教の関係者も割とそれを飲んでいたんですが、あまり酔ってはいけない、精神を保ってなきゃいけないというようなところから、「酔い」というものを排除する方向で酒を禁止したという理由もあると聞いています。

ではなぜ今、アメリカ市民たちは、自分たちの権利として、医療や嗜好用としての大麻の所持や栽培や使用の自由を得る事ができたのでしょうか。その原動力は、市民たちによる勇気ある活動である事は明白ですが、その背景にある文化的な側面にも、大きな要因があるようです。

現代のアメリカで大麻を医療用に使用し始めたのは、1980年代初頭のサンフランシスコの住民たちでした。1983年、アメリカでエイズ・パニックが発生しました。原因不明の伝染病に対応するため、救急隊や警官はゴム手袋を着用し、葬儀屋は遺体の引き取りを拒否するという騒動にまで発展し、その衝撃は世界中に広がりました。州兵たちが防護服とガスマスクをした写真は、日本でも衝撃を呼びました。それはまさしく、人類存亡の危機を、地球規模で認識した瞬間でした。今思い起こすと相当強烈な衝撃でしたが、この事が、その後の私たちに、地球人としての新たな共同体意識を呼び起こすきっかけになっていったのです。

そんな中、アメリカの同性愛者を中心とした患者や家族たちは、エイズの正体もまだよく分からない恐怖と絶望の中で、大麻が治療に有効である事を経験的に気づいていきます。最初は懐疑的だった医師も、やがて、大麻の使用を中止させる事なく、黙認し始めました。市民たちも、患者たちへ供給するための大麻を栽培し、配給する組織を作り上げていきます。1980年代のカリフォルニア・サンフランシスコは、世界で最も革新的な医療大麻の使用エリアでした。

しかし、なぜそこまで積極的に、そして大麻への偏見も無く、多くの市民が大麻の使用を推進していったのでしょうか。そこには、1960年代にサンフランシスコやカリフォルニアで発生した、ヒッピー・カルチャーとかフラワー・ムーブメントと呼ばれたロック・カルチャーの影響があると、僕は考えます。

ベトナム戦争の経緯は特に、団塊の世代をくぐり抜けてきた諸先輩方はよくご存じだと思いますけれども、その中で兵士たちはベトナムでマリファナを経験していきます。それに呼応するように、サンフランシスコ中で大麻やLSDなどが広がっていきます。その中で市民たちは、マリファナ・大麻には害がないという事を経験値で理解していきます。そのような経緯から、大麻草についての正しい知識を持っていたサンフランシスコの市民たちは、医療大麻をエイズ患者の人たちに対して使用する事に関して、非常に寛容だったという事が言えます。

それとともにロック・カルチャーというのは、アップルに代表されるパーソナルコンピュータとかインターネットですね、あるいは自然との調和の大切さとか、宇宙の神秘、そして恋愛やセックスや、音楽による精神の高揚の素晴らしさを再発見していった、精神改革のための一つのムーブメントだったわけです。これが連綿と続いていって、今の21世紀の僕らの生活があると言っても間違いないと思います。

ロック・カルチャーから生まれてきたものの中には、環境保護や人権運動・人権意識というものがあります。そしてなによりも、アメリカ人は公民権という意識が非常に高く、その意識が医療大麻、あるいは大麻の非犯罪化というものに対して、市民が働きかけていく原因の一つになったのです。アメリカの市民が、強い連邦政府の圧力と拮抗《きっこう》しながらやっているこれが、アメリカの文化の一つの側面なのだという事ができます。

例えば、ベトナム戦争に反対していたミュージシャンはいっぱいいて、ジョン・レノンなども非常に平和を愛してそれを掲げていましたけれども、アメリカ連邦政府にとっては、ジョンはコントロールできない非常に危険な人物としてマークされていました。ジョンの歌っていた「イマジン」は、彼の死後も、湾岸戦争やイラク戦争のころには放送禁止になったり自粛するという事がアメリカ国内で起こっていました。それだけ、連邦政府がロック・カルチャーとか市民運動、市民カルチャーというのがどれだけ力を持っているかを、よく分かっていたという事です。

補足すると、例えば1985年の英米では、ロック・ミュージシャンが「We Are The World」や「バンドエイド」などで、世界平和のメッセージを曲に乗せて発信しましたが、これらの運動を推進したミュージシャンのボブ・ゲルドフが、ノーベル平和賞をもらうという状況になりました。これを見ても、ロック・カルチャーや戦後の市民カルチャーというのが、強い力を持っているという事がわかります。

サンフランシスコやカリフォルニアを中心とした大麻自由化の市民運動は、州政府や連邦政府との真正面からの戦いでした。1980年代から始まったこの市民運動は、多くの逮捕者を出し苦難を受けながら、現在もなお続いています。その一つが、今回のカリフォルニア州による嗜好大麻の是非を問う住民投票なのです。

30年間の彼らアメリカ市民の運動によって、EUにおける医療大麻の使用や大麻の非犯罪化にも後押しされ、市民の人生を守る権利を取り戻す事ができたといえるでしょう。

欧米の大麻事情の背景には、国の体制をも揺るがしかねない、ロック・カルチャーを含むアメリカ市民たちの強烈な市民権意識が存在しているという事がいえると思います。

つまり、大麻の実体についての科学的な根拠を積み重ねると同時に、なぜ、政府は大麻を禁止しているのかという事に、素直に疑問をもち続けた結果が今の状況を作り上げたのだと僕は考えます。

ちなみに、例えばEU自体が医療大麻とか非犯罪化について非常に進んでいますが、その先頭はオランダなんですね。ご存知の通り、70年代にすでに、大麻を販売するコーヒーショップがあったり、非犯罪化があったりしました。この背景は、麻薬を取り締まる国際条約がどういう風にできてきたかという事と、非常に密接な関係があります。

1900年代初頭に万国アヘン条約がありましたが、これによってアヘンとコカインと大麻が国際条約で使用が禁止になります。この国際条約が締結されたのがオランダのハーグという所で、別名ハーグ条約ともいわれています。もともと万国アヘン条約の議会国がオランダだったんですね。

それまでのアヘンはどのような扱いをされていたかというと、今とはまったく違っていました。アヘンは軍事力といっしょで、国が海外に進出するためには無くてはならない重要な物質だったんですね。アヘンを使って貿易をしていくのは、大航海時代からのヨーロッパでの当たり前な世界戦略だったのです。

ヨーロッパの諸国はアヘンを使いながら、どんどんアジアなどに進出し、最終的には清国を滅ぼすまでいってしまいました。それに対してアメリカは、清を救うという大儀でアヘンの使用を禁止せよという事を世界に訴え、オランダのハーグに各国代表が集まって、アヘンとコカインの禁止を求めたわけです。

ところが、そこまではよかったんですが、なぜか大麻までも禁止せよとアメリカが提案したんですね。そうしますと、国際論議では、工業的にも体にも害がない、これだけいい植物なのに、なぜ大麻が禁止なんだとおかしいんじゃないかという事で、一回目は決まりませんでした。しかし、次の第二次国際会議の時に、アメリカの強いロビー活動などがあり、可決されてしまったのです。これによって、アヘンだけではなく大麻も、万国アヘン条約での規制物質となってしまいました。これが、一番最初の国際的な大麻禁止の出来事なんです。それを推進したのがアメリカであり、それをリードしていったのがオランダなんです。オランダとしては、国際的なドラッグ問題、あるいは大麻問題については独自に自分たちのスタンスでリードしていくという姿勢がもともとあるわけです。その形の表れの一つが、1970年代にオランダで制立した非犯罪化や、医療大麻としての使用の容認という事になるのです。

では、日本ではどうなのかという議論になるかと思いますけれども、もともとの医学とか医療とか、あるいは癒しとはなにかという問題があります。その本質的な意識の表層に、ドラッグ問題、あるいは大麻問題というものが、あるのではないかと思います。それが表面に顕在化して、こういう問題が起きているのではないでしょうか。

アルコールや煙草は、身体的な悪影響があるにも関わらず、社会に受け入れられています。あるいは、「リスクはゼロでなければいけない」と言っておきながら、医薬品なども決して副作用というリスクはゼロではない。つまり、社会がその物質をどのように捉えているか、日本人の私たちが大麻をどのようにとらえているのか。あるいは、昨年、一昨年と多くの逮捕者が出てしまった大学生諸君について、どのような印象をもつかという事が、日本社会が大麻草についての真実を受け入れるための、大きな問題となってくるのです。

大麻は、日本でも太古から親しまれてきた有用な植物です。衣食住に、医療に、そして何よりも神に近づき、こころを癒すものとしてなくてはならない植物でした。しかし、戦後、その何千年も続いてきた習慣が大きく変わっていった。大麻取締法によって禁止されたという事は、社会のルールや物事の決め方が大きく変わったという事です。その背景には何があるかという事を理解しないと、日本での大麻に対しての扱いは、なかなか変化していかないのではないかと思います。

いくらカリフォルニアでは認められているからといっても、無害で有益であるという科学的なデータを僕たちが山ほど示したとしても、それだけでは日本での扱いが変わるわけではないでしょう。大麻の扱いは、第二次大戦後の進駐軍、ＧＨＱによって、大きく変えられました。大麻が痲薬扱いをされるようになったのは、戦後からです。それを見ると、国の力、ポリティカルな要因が重なっている事が分かります。

また、本来同じような薬物であれば、ヘロインも覚せい剤も大麻も同じ法律でくればいいはずですが、それぞれが別の法律で禁止されています。ヘロインは麻薬取締法、覚せい剤は覚せい剤取締法、大麻は大麻取締法という異なった法律を制定しているという事は、それぞれの物質と社会とのかかわりや取り締まっている趣旨が異なっている事を表しています。だから、単にイリーガルだから問題なのだという事についても、依存性がどうのという問題よりも、大麻が今の日本社会とどのように関わっているのかが問題になってくるのです。

日本社会は、本来はなめらかな連続的な仕組みではなく、ほとんど監視型なため、隙間のたくさんある社会なのだといえます。たとえば、ふすまや障子でしきられた長屋や隣近所の生活の中で、普段は互いに距離を保っているが、何か事が起きると周囲がコミットしてくる。あるいは、40キロ制限の道路を50キロではつかまらないが60キロで走るとつかまってしまうとか、社会に隙間をもたせ、曖昧《あいまい》にする事によって全体の連続性を成り立たせているのだといえます。

ところが、法律で厳しく取り締まると、アンダーグラウンドな世界が生まれ出てしまう。その事によって、薬物被害が蔓延するというよりも、それを取り扱っている人々を取り締まらなければならないという問題が起きてきます。

例えば、高校生が煙草を吸うと、煙草は体に良くないからといって保健の先生が捕まえるんじゃなくて、実際に捕まえるのは生活指導の先生だったりしますよね。これは、煙草が悪いのではなくて、煙草を吸うとよからぬ輩《やから》との接触が増えてくる一つのサインだという事で、高校では先生が目を光らせる事になるわけです。それと同じような事が大麻にも、もっと深い問題ですけれども、あるんではないかと思っています。

では、どうすればいいのかという事ですけれども、ここで提案するのは、国自体がしっかりと大麻草について、もう一度検証する事が必要だという事です。なぜ、戦後こういう法律ができたのかという事を、しっかりと検証するという事が大切だと思います。

日本人として市民運動の一つの輪を作っていきながら、大麻をもう一度見直す事が必要です。なんで大麻が禁止されているのか、本当に体に悪いのか、その率直な声を、経験のある人は是非周囲に伝えてください。少なくとも僕の認識では、大麻は体に悪くないです。30年以上吸っている人もいますが、普通にしゃべったり、まったく問題のない社会生活を送っていますので、大麻草は頭がおかしくなるような植物ではないという事です。

その事を経験者は昔話としてでももっと話してもらって、どこが間違っているのか議論する必要があるんじゃないかと思います。

ＧＨＱが大麻を禁止するまでは、日本には大麻問題は存在しませんでした。実は、それ以前にも、日本人は煙草の代わりに大麻を吸ったり喘息《ぜんそく》薬としても使用していたのです。でも、今となっては、なぜ、取り締まられなければいけないのかという事自体も、まったく分からなくなってしまっています。懲役刑を伴う法律の存在意味が分からなくなっているという事こそが、日本が大麻に関して抱えている、最も大きな問題なのだと僕は感じています。

今の日本は、戦後に作られたいわゆる一般の感覚とマスコミの影響と、検察と警察による取締りの感覚で、日常の倫理観が作られているようです。そこには、世界の状況を見れば当然わくべき疑問や働きかけが生まれる雰囲気もないように感じます。

しかし、少なくとも日本の60年代や70年代はそうではなかった。あるいは明治維新の人々、大正モダニズムを生きてきた日本人は、自分はどこにいてどこに向かおうとしているのかが見えていたのではないでしょうか。アメリカ市民がアメリカの社会を変革していく自浄作用のようなパワーを、日本人も持っていたはずです。

日本には、本当のロック・カルチャーは無いのかもしれません。しかし、ロック・スピリッツをもった人々はいます。その証拠に、ロック・フリークやフォーク少女だった団塊の世代の人々を先頭に、さまざまな市民運動が日本でも行われています。もちろん、今日のこの集会も含めて、大麻についての運動もそのひとつです。

大麻とは何か？　大麻取締法とはどのような法律なのか？　犯罪とはどのようなものなのか？　その事を見つめ続けると、現在の日本社会の大麻への見解がいかに間違っているのか、どれほど強い偏見なのかが見えてきます。

大麻取締法で逮捕された人々は、本当の犯罪者なのかという事にも疑問がわいてくるはずです。ましてや、医療用に大麻を使用する事については、疑う余地もありません。

大麻の事を考えた時、医療や産業と嗜好としての大麻を区別すべきだという意見をよく聞きます。しかし、僕はそうは思いません。意識を変革する事の素晴らしさ、癒しの時間の大切さ、それが人間にとって何よりも大切な事なのだと思っているからです。

それともう一つ、最後になりますけれども、僕は今日会場にもいらっしゃっています前田耕一さんが代表をされている「NPO法人医療大麻を考える会」の末席に置かしていただいているんですけれども、実際にこういうものって非常に大切で、医療大麻が必要な患者さんやご家族が、本当に、「どこで吸えますか?」と、切実な思いで来るわけです。こういう人たちがいるという事を忘れちゃいけない。大麻草の非犯罪化が達成されるまでにその人たちのために僕らができる事といえば、例えば、メディカル・ツーリズムの仕組みを作ってカリフォルニアに行くとか、そこで日本から来た患者さんが、大麻入手免許を取れるような算段をしてあげるという事であり、それをビジネス・レベルで構築していく事が大切なんだと思います。

産業大麻に関しても、中国は非常に進んでおります。そこで、韓国や中国など、アジア諸国と連携をして産業大麻のしっかりしたビジネス構築をしていく事、思想だけではなくて、ビジネスとしても成功させていくという事が、これから一番大切なのではないかと思っております。

「よみがえらせよう日本の国草」

中山康直
民族精神学博士、平和活動家、縄文エネルギー研究所所長

1997年、戦後、民間で初めて「大麻取扱者免許」取得。循環型調和社会を実現させるため「縄文エネルギー研究所」を設立。2002年、ヘンプオイルで日本を縦断したヘンプカープロジェクト実行委員長兼運転手を務める。船井オープンワールドはじめ、講演を全国で展開。著書「麻ことのはなし」等

◎はじめに

日本国には、国を象徴する意味で国花が選定されており、長い歴史のなかで国民の生活にとけ込み、愛されている花が国花と考えられています。

日本国においての国花は、日本人がもっとも好む花として、桜と天皇家の紋章である菊のふたつが位置づけられていますが、これらは法定のものではなく、慣習で選定されています。

ちなみに、国鳥は雉、国蝶はオオムラサキが選ばれています。

その他、一般的に知られたものでは、国技・大相撲、国劇・歌舞伎、国章・五三桐、国風・和

歌があります。

法律で規定されたものとしては、国旗　日章旗、国歌　君が代、国号　日本国があります。

このように、日本国の歴史、伝統文化と密接に関係しているものが、選ばれている事からもわかるように、大麻草は、日本国の草の象徴として名実共に位置づけられるべきであるはずが、今や、まったくの悪者になっています。それは、今の日本の現状を表している事でもあります。本来は、以下に述べるように、大いなる麻という草を真実のもとに理解するならば、まさに国草といえるのです。

◎生活の中の大麻

日本において大麻は、稲作が始まる以前の縄文時代から生活必需品をつくるための重要な素材であり、文化的、伝統的、民族的、また歴史的にいっても日本人の生活に密接に関係してきた、なくてはならない貴重な植物でした。

稲作が始まる以前、1万2000年前の福井県の鳥浜遺跡からも大麻の繊維や種子が発見されており、縄文時代から栽培されてきた歴史上の作物として、衣服や縄、紐、糸などの生活素材に大麻は使われてきました。今でも大麻は、下駄の鼻緒、畳糸、凧糸、魚網、蚊帳、和紙、漆喰壁、茅葺屋根、麻炭、弓弦、お盆行事、神道行事、神社関連品、横綱の化粧回し、七味唐辛子など多岐にわたって使われ、日本の伝統文化を支えている作物でもあります。繊維作物の中で、大麻は最も古くから活用され、頻繁に用いられた事から、大麻を単に麻と呼んでいたので、日本では大麻と麻は同じ植物なのです。

◎石油産業と大麻規制

薬物ではなく、ただの植物の大麻がどうして世界的に規制されたかといえば、１９００年代の初頭に石油資源を中心に経済や社会を発展させていこうという政治的な考え方の中で、大麻産業のような天然循環産業が、石油化学産業の推進の流れには不必要だと理解され、大麻を始めとした多くの天然循環資源が衰退していったという近代歴史の背景は見逃せません。

日本においても、第二次世界大戦後、ＧＨＱ占領下において、１９４８年の大麻取締法制定により、国内の栽培農家が減少の一途をたどり、石油産業の台頭及び化学繊維の普及と生活様式の西洋化にともなって、大麻が身近な生活素材ではなくなり、すでに60年という半世紀以上が過ぎている現代社会では、その有用性と多様性は忘れ去られ、実際には本末転倒となっているのです。

さらに言える事は、第二次世界大戦前と第二次世界大戦後の「大麻」の認識がまったく異なっている事です。広辞苑の定義を見るとわかりますが、戦前は、「大麻」といえば第一に御札の事を指していたし、今でも神社にいけば、神宮大麻と書かれた御札を授与する事ができ、神棚にも神様の御印としてお祀りされています。また、神道の世界では、今日でも大麻草は大変神聖な植物であり、大麻はオオヌサと呼ばれ、罪や穢れを祓う幣《ぬさ》、つまり、神主が御祓いする時に振る榊《さかき》などに大麻の繊維が使われていて、本来、罪汚れを祓《はら》うものが、今では、所持していたら罪になってしまうという、価値がまったくの正反対になっているのが現状なのです。

◎生活の中にとけ込んでいる大麻製品

日本では、岩手県、栃木県、群馬県、岐阜県などのごく一部の地域で、伝統的な大麻の工芸利用が続けられていますが、現在では石油由来製品が普通となってしまったために、大麻草由来製品がいつ、どこで使われているか、まったくわからなくなってしまっているのです。

★知らないところで流通している伝統的商品

「繊維利用」

精麻（神社用）…神事には欠かせない素材です。

注連縄、鈴縄…ビニール等、化学繊維を使っている神社も多いが、まだまだ生き残っています。

下駄の鼻緒…日光下駄ブランドには必ず国産大麻繊維が使用されています。

弓弦…弓道具屋で売っています。

締太鼓の紐　：縄屋・綱屋でごくわずかに扱っています。
結納品　：共白髪という品に精麻が使用されています。
化粧回し　：横綱だけが身につけられる特別な「まわし」です。
「芯材・オガラ利用」
オガラ　：御先祖様の送り火・迎え火のお盆行事に必須アイテムです。
松明（たいまつ）：オガラを松明にした伝統行事も多数残っています。
茅葺き屋根材（オガラ）：軒から見えるところに今でも使われています。
「麻の実」
鳥の餌　：ペットショップやホームセンターで売られています。
七味唐辛子　：一番身近に見られる商品です。

◎大麻の伝統的な利用

岐阜県における伝統的な大麻の利用事例で最も有名なものは、世界遺産である白川郷の合掌造り家屋で、麻茎のオガラ（繊維をはいだ後の芯材）が使われています。また、飛騨地方にある伊太木曾神社の管粥神事では、大麻の管（オガラ）をお粥に入れ、その中にお粥が詰まった具合によって、その年の豊凶を占うという行事があります。

日吉神社という格式高い神社があり、ここでは毎年5月3日、4日に行われる岐阜県重要無形文化財の神戸の火祭り、日吉山王祭りが行われます。ここでも大麻が使われているのですが、松明としてオガラを燃やします。大麻が神を迎える火として重要な存在であるとともに、真夜中に祭りが行われるので長く持つ明かりが必要で、その条件に合致したのが麻のオガラだったのです。伝統文化である長良川の鵜飼いでも鵜を操る紐が大麻の紐であり、鵜飼も大麻の繊維から出来た装束で身を包む事が受け継がれています。

毎年、5月の頭に行なわれる静岡県浜松市の凧揚げ祭りでも、凧を操る糸が大麻の糸であり、いかに大麻の素材が人々の生活の中で係わりの深いものであったかを物語っています。

◎日本の大麻文化と精神性

日本では、古来から大麻は神聖なものとして取り扱われ、その昔、天上より大麻の草木を伝って、神々、神仏が降臨したという神代の伝説から、神道の文化では「依り代」といわれ、神々が寄って集まるところとされていました。日本人は、縄文時代以前のいにしえの時代より、大麻を栽培し、生活に密着した植物として、様々なものに活用してきましたが、御札や御幣《ごへい》、祓幣《はらいへい》や神主の衣服、狩衣や巫女の髪結い、鈴縄や注連縄、お祭りや御神楽など、特に神事的、伝統的なものに多く利用され、いたるところで使われていました。神社にお参りする時の鈴縄には、その御利益が込められており、昔から、「カミナリ様が鳴ったら蚊帳の下に入れ」といわれてきたように、大麻には、邪気を祓ったり、魔除けのような不思議な力も宿るとされ、あらゆるところで重宝されてきたのです。

また、麻として親しまれてきた繊維作物でもありますから、地名や人名に麻の漢字が好んで使われました。現在、「大麻」または「麻」の字が付く市町村名は約80カ所にものぼります。人の名前に麻の字が使われる意味は、大麻のように真っ直ぐ元気に成長し、世の中の役に立ってほしいという親心からで、「麻に交われば直くなる」といわれ、赤ちゃんには、「麻の葉模様」の産着を着せる風習があります。麻の葉模様には、厄除けの作用もあると考えられ、他にも女性の肌襦袢や腰巻き、帯、着物から座布団などの小物にいたるまで、好んで用いられていました。

神話で有名な「天の岩戸開き」でも、大麻を栽培、活用していた忌部《いんべ》族の祖神である天太玉命（アメノフトタマノミコト）という神様が、太陽神である天照大神（アマテラスオホミカミ）が岩屋から出てくる際、先端に大麻を取り付けた真榊を振って、太御幣《ふとみてぐら》を奉り、アマテラスの出現に貢献したとあります。この神話との関係で、今でも神主や神官は、先端に大麻の繊維が付いている榊を振ってお祓いをします。この時、奏上する祝詞の節の中にも「天津菅麻《あまつすがそ》」という言霊で大麻の事が唱えられています。また、万葉集などの和歌にも、大麻の唄がたくさん詠われています。

皇室祭祀の中で、最も重要とされる「大嘗祭《だいじょうさい》」でも、大麻が大切な役割を担っています。大嘗祭は、皇位の継承儀礼でもありますが、天皇が新しく即位する時に、皇祖神の神衣として、麁服（アラタエ）と繒服（ニギタエ）をお召しになります。麁服が大麻で植物性、繒服が絹で動物性を表し、天皇自らが執り行う一世一代の神事であり、五穀豊穣、国家安泰を祈願します。平成の大嘗祭においても、忌部族の末裔にあたる三木家が四国の阿波で大麻を栽培し、麁服として皇室に献上しています。ちなみに、この忌部族は、日本中にその痕跡を残し、その当時の地場産業を支える意味で、麻の道を構築していたといえます。「総」という漢字は、古語で麻の尊敬語にあたり、房総半島のある千葉県は、その昔、上総、下総といわれ、大麻がたくさん育っていた様子を伝えています。

◎これからの取り組みとして

一万年以上続いてきた日本の伝統ある生活文化を復興していくうえでも、戦後、石油産業の台頭及び化学繊維の普及と生活様式の西洋化という価値観によって失われた「日本の精神性、物を大切にする心、祖先を大切にし敬う心」を学び、次世代に伝えていくのは、現世代の大きな使命のひとつであるといえ、特に、未来を担う子どもたちや青少年が、伝統的な生活文化を体験する事は、世代間交流を通じて、社会への貢献と適応力をつけ、郷土愛や文化への理解を育み、人間教育の場として極めて有効であると考えます。

石油に変わる古くて新しい資源として、衣食住エネルギーを改めて見直す時期に来ています。

そんな中、未来における取り組みとして、縄文時代からから続いた日本の消えゆく伝統技術・生活技術を次世代に伝えていく事は、最重要課題であり、おそらく最後の機会であるといえるでしょう。

★２０００年以降、様々な方が大麻（ヘンプ）の有用性と多様性に注目して復活&商品化されたもの

１）野州麻１００％の和紙、ランプシェード、壁紙、半紙に！（２００１年10月復活）
２）麻蚊帳　戦後初めての復活！（２００４年４月復活）
３）麻炭　花火業界にしか使っていないものを一般商品化！（２００５年１月復活）
４）ヘンプ潤滑油　自転車から釣りのリールオイルまで！（２００６年２月復活）
５）書道の青墨！（２００６年４月復活）
６）日本古来の麻スサ十土壁が復活！（２００６年６月復活）

★２０１０年現在、復活させようと取り組んでいるもの

１）柔道畳（畳縫糸《たたみぬいいと》と経糸《たていと》は２００８年１月に復元）

2）麻畳
3）爪糸
4）精麻を使った書道用の毛筆
5）国産手績みの大麻糸
6）木曽の麻衣
7）カツオの一本釣り用の糸
8）魚網
9）漆喰「麻壁」の家
10）カイロ（携帯用暖房器具）
11）灯明油
12）焼き物の釉薬《ゆうやく》
13）国産麻の実

◎おわりに

このように、日本人や日本国の文化にとって、大麻草は不可欠なものであり、戦前の歴史においても、大麻草を乱用した経緯は見受けられない事からもわかるように、多大な恩恵を与えてくれた感謝に値する精神性の高い植物なのです。しかしながら、いつしか、日本の精神性の神髄である和の心の衰退と連動して大麻も衰退していきました。

自然は、もっと偉大であるはずです。その事を忘れてしまった現代人に今一度、希望のアサが必要なのではないでしょうか？

先祖をたどれば、日本人は、すべてといっていいほど、大麻と深く関係した民族です。その民族性からみても、私たちの先輩である先人たちは、大麻を上手に平和的に活用し、ともに歩んできた歴史と事実には、感謝と感動を覚えずにはいられません。

いよいよ、環境的にも健康的にも、本来の豊かな生命活動においても脱石油の本格的な時代の到来です。

太古の昔から、日本人が愛してやまなかった大麻草の本質とは、私たちのＤＮＡに刻まれた「和の精神」であると理解します。今こそ、太古から日本の国体を守ってきた、この素晴らしい国草を日本人の和によって、よみがえらせる事が、日本国民の清々しい精神の悲願なのです。

「思うこと　皆つきねとて　麻の葉を　切りにきりても　祓いつるかな」

後拾遺和歌集巻二十　１２０４　和泉式部

【講演】

皆様こんにちは。

本日の歴史的な集会にようこそ！

大麻草検証委員会主催、「麻と人類文化を考える国民会議」の開催、誠におめでとうございます。

麻の道人筋30年、麻の活動で日々、東奔西走しております中山康直といいます。よろしくお願い致します。今日、森山代表といっしょに、この国民会議の看板を掲げた時、嬉しくて思わず涙がこぼれそうになりまして、感動してしまいました。いよいよ麻の時代が来た事を実感している麻を愛してやまない麻民族の一人です。

私たちの日本国は、戦後の占領政策以後、石油漬け、薬漬けとなり、環境力や健康力、免疫力が低下し、まさに眠らされている状態だったわけですが、夜明けのアサといえる新たな始まりの御来光により、深い呪縛という眠りから目覚める麻開きのタイマーが鳴り出していますから、麻の時代の到来を心から喜んでおります。

まずは、夜明けのアサの到来に際し、今までの麻の取り組みの中で、日本においての新たな局面となった、ちょっとしたエピソードをお話したいと思います。

僕自身、実質的な麻の活動を始めてから数年後の1997年に戦後民間で始めて大麻取扱者免許を取得した経緯がありますが、その時の行政側とのやり取りが、大麻に対しての行政側の見解を象徴していました。

まず、大麻の免許を取得するための申請用紙がなく、関係省庁の担当者も大麻を麻薬だと思っていますし、タブーな領域でもあるので、産業的な免許の意味をまったく理解していただけず、麻の有用的な情報や知識について、行政側の認識は皆無に等しかったと記憶しています。

大麻の免許を出す省庁の担当者が大麻の免許の事を知らなかったわけですから、何の担当者か意味が分かりませんよね。それで、逆に麻の事を伝える必要性がありましたので、ひとつひとつ麻の有用性と多様性を伝えさせてもらったのです。結果的には、日本における麻の伝統や世界の麻産業の現状などは理解していただけたと思います。

しかし、担当している省庁が厚労省で、取り締まりが主な業務ですから、取り締まりの対象になるものの認可をなかなか出してくれないわけです。その後、約2カ月間の行政側とのやり取りの中で最終的には、薬事審議会で判断したようで、「中山さん、出さざるをえません」という回答のもと免許をいただきました。興味深い回答ですよね。出さざるをえませんという事は、出さざるをえないような背景が基準や法律としても存在しているという事ですから……。

法律的にみても大麻取締法は、大麻の所持と栽培が許可制になっているという事であり、伝統的や産業的に大麻を栽培する必要性がある場合は、免許を交付するとありますから、今後、麻の産業的利用に基づく栽培の準備が出来れば、行政手続きの上、栽培認可を取得していく事も実質的な業務として大切な活動だと考えています。

その意味で、大麻草検証委員会の世話人以下メンバーは、ひとりひとりが麻の専門家ですので、栽培認可や栽培業務のお手伝いが出来る人材が揃っています。

是非とも、当たり前に前向きにトライしていきましょう。

その後、２００２年に新たな転機が訪れました。それが、「ヘンプカープロジェクト２００２」のキャンペーンでした。

その頃すでに、東京都内に日本で始めての麻の実を食材としたレストランが開業していました。屋号も「レストラン麻」といってインパクトもあり、とても美味しく元気になる麻の実料理を出していました。オーナーは、本日も参加している麻活動の第一人者である前田耕一氏です。このレストランでは、麻の実油（ヘンプオイル）も食材として使用していますが、当時、売れ残ったり、廃油扱いになるような麻の実油がある程度の量ストックされていて、その麻の実油を有効利用していこうという提案があり、関西でも関西消費者倶楽部というところで販売されていた麻の実油も提供されました。そんな中、麻の有志たちからヘンプカーの話が持ち上がりました。その背景には、実は2001年の9・11事件が関係しているのです。

2001年にアメリカでヘンプカープロジェクトが実行されていました。7月4日の独立記念日にワシントンDCを出発して、アメリカ全土を一周するというキャンペーンで、僕たちも興味深くこのヘンプカーキャンペーンを見守りながら応援していましたが、キャンペーン途中に9・11グランドゼロが起こり、ヘンプカーの情報は、もみ消された状態になってしまいました。9・11は、石油資源の軍事的確保から起こったテロです。麻は脱石油となる植物資源です。

この事から、この出来事は、ひとつの因果関係であり、メッセージであるとの理解に至り、唯一原爆が落とされた国から、もう一度平和の象徴であるヘンプカーを走らせようという意志が生まれ、ヘンプカープロジェクト2

2002年、日本を縦断した奇跡のヘンプカー

002が始まったわけです。

短い準備期間の中、様々な有志たちの協力により、まさに神業のようにトントン拍子で準備と段取りがなされていき、ヘンプオイルの提供もある事から、この奇跡のキャンペーンが開始されました。

北海道の滝川市というところを出発点とし、日本47都道府県のほとんどに出没し、全国津々浦々のイベントに参加して、麻セミナーを開き、有形無形文化財を訪問したり、神社仏閣に立ち寄り、平和祈願をさせていただいたり、日本中に残る麻の伝統、歴史、風土を調査し、様々な人たちと情報交換や交流をして、最後は九州の熊本県にある幣立神宮という麻と所縁が深い神社のお祭りにジョイントさせていただいて、バイオディーゼルでの、それもヘンプオイル燃料での日本縦断の既成事実をみごとに実行しました。番外編として、琉球地域でもヘンプカーが行われました。ヘンプカー自体を島に渡らせるのは、様々な理由があり、少々困難だったため、ヘンプオイルとヘンプカーメンバーだけが沖縄本島に渡り、現地のディーゼルエンジン車をヘンプカーとして沖縄本土を走りました。

僕自身、実行委員長兼運転手を務めさせていただき、約13000キロを走破した関係で、日本各地に麻と所縁が深い土地や地域及び伝承が多々あり、まさに日本列島は、文化的にも歴史的にも麻の国である事を確信しました。

ヘンプカー走行の軌跡

HEMP CAR PROJECT 2002
走行距離12500km!!
稚内
旭川
北海道4/29出発
札幌
釧路
函館
青森
秋田
盛岡
仙台
新潟
福島
長野
宇都宮
金沢
東京
富士山
横浜
名古屋
京都
松江
広島
神戸
大阪
北九州
福岡
松山
熊本
鹿児島
那覇
日本海
太平洋
伊豆諸島
小笠原諸島

今の日本に麻を取り締まる法律があっても、日本は、麻・麻・麻だらけなのですから、ご先祖様からの大切な植物の恩恵を生活に活かしていく政策が日本の自立を支える事がハッキリと示されています。だから、神社仏閣に行くと鈴紐や注連縄が麻の繊維から作られ奉納されているのです。ところが、今の日本の神社の半分近くの鈴紐や注連縄がなんとビニールになっているという現状も無視できません。という事は、化学繊維のパンツを履かされている日本人と同じ石油漬け状態です。つまり、終わらない戦争状態なのです。

ビニールは石油化学製品です。いくら石油社会で安価だからといっても、神聖なところに石油化学製品は、御法度なはずです。これが御利益、御多幸の賜物ですか？

本来は、神社のある村の農家の方たちが麻を栽培して、その栽培された麻を繊維にして鈴紐を作り、氏子さんたちを通して、神社に奉納していました。その昔は、麻がたくさん栽培されていましたが、栽培の激減と石油製品の浸透、流通と連動して、ビニールなどの代用品になっていったのでしょう。それは、占領政策の一環として、麻の取締法の制定により、栽培が減少の一途をたどり、大和魂を骨抜きにする植民地政策と重なって、日本人が和の精神性を忘れていった事を物語っているようです。

日本においては、精神的な意味で麻が多岐にわたって用いられています。神社に参拝した時にお札を授与されますが、このお札の事を「神宮大麻」といい、毎年、神社から発行される暦の事を「神宮大麻暦」といっています。神道儀式においても、神官が着る神衣から巫女さんの髪結い、お祓いの時にふる真榊まで、いたるところに麻の素材は好んで活用されていました。それは、麻は神々神仏がよって来るところと理解され、「依り代」といわれ、神秘的で魅力たっぷりのこの植物は、罪穢れを祓うものと位置づけられていたからです。それが今では、持っていただけで罪になるという本末転倒のあべこべ世界になっているのです。

まさしく、間抜け、間違いの状態であり、麻抜けとは、麻が抜けてる現代の社会を表し、麻違いとは、麻は植物なのに薬物と誤解している認識を表しているように思えます。

日本の建国に際しても、なくてはならなかった神聖なる植物であるし、縄文のいにしえより、日本の国体と国民の生活を守ってきた作物、つまり、日本の国草といえるはずなのに、現代人は、この麻になんと傲慢な仕打ちをしているのか……。

麻を破壊するようなアサハカな所業であり、まさにアサマシイ限りです。

今日の僕の演題は、「よみがえらせよう日本の国草」とさせていただきましたが、国草とは国の草ですね。

日本も含めて各国には、国花とか国鳥とか国の何々というその国を象徴するものが選定されています。国花とは、国の花ですが、日本国においての国花は、日本人のスピリットが愛してやまない桜と天皇家の紋章となっている菊の二本柱があげられています。国鳥は雉、国蝶はオオムラサキが選ばれています。これらは、慣習によって選定されているので、法的に位置づけられたわけではないのですが、法律によって設定されているものとしては、国号と国旗と国歌の三つです。つまり、日本国と日の丸と君が代です。

それでは、国の草とはどんな草が選定されるべきなのでしょう。慣習とは、ある社会で古くから受け継がれてきている生活上のならわしなので、日本文化と日本の民族性からいえば、まさしく麻の事であり、麻以外ありえません。

次の如く、日本の神髄と密接に関係している草は、名実共に麻しかないといえるのです。

☆縄文時代は麻文化社会
☆日本の建国に関係した
☆日本人の生活を支えた
☆神社仏閣は大麻だらけ
☆歴史と文化と伝統の草

さらに、日本の象徴といわれる天皇家が執り行う皇位の継承儀礼である大嘗祭でも、皇祖神の神衣として麁服という大麻織物で作られた装束を着て神事を行う事からもいえるように、まさに国草という位置づけが適切であるといえるのです。

大麻が国草であるという事からいえば、大麻取締法とは、国草取締法という事になり、現代社会に存在しているあらゆる諸問題を解決する術と智恵を無くしているという事であり、国家にとっては、多大な損失であるといえます。現代社会は様々な問題に対して、対策を講じているだけで、根本的かつ具体的な解決にはなっていません。大麻には、環境や健康の諸問題を解決する自然の力が宿っているだけでなく、日本のエネルギー問題を解決に導く石油に変わる天然資源としてのすばらしい特性があり、それらの特性とその存在意味を国民全体が再認識する必要性があるのです。

したがって、日本人の生活や各々の暮らしの中に麻を活かしていく事が、現代を生きる日本人に与えられた共通の使命であると思います。

政治とは、政《まつりごと》を治めるという意味ですが、神道にならえば、麻なくしてマツリごとは治められないのです。現政権では、政治とは国民の生活だと豪語しています。という事は、国民のより良い生活のために政治があるわけですから、国民の生活に麻がなければ、政治も治まるわけないという道理になりますね。

日本の国体を守る神聖なる国草大麻

太古の昔から人類と共に歩んで来た麻、人類の永遠の友達である麻、その深い記憶は、人類の遺伝子に刻まれているのだと思います。だからこそ、麻は日本人が愛してやまなかった植物であり、その神髄を一言で表現すれば、和の精神なのです。

「大麻の怖さを知っていますか」という薬物乱用防止のチラシの見出しをみつけました。これは正確ではありません。

正確に言うならば、「大麻（安全なもの）を怖いという社会の恐ろしさを知っていますか」という事なのです。

国民を幸福にしないシステムやまったく逆の政策が、今、終わろうとしています。終わるものの終わりは新たな始まりを意味します。

麻開来て、ありがとうございます。

「地場産業と里山が共生する故郷作りを目指して（下野の国とちぎの伝統産業を次世代に）」

小森芳次（栃木県立栃木農業高校教諭）他

全国で唯一残された「野州麻」の産地で、里山の振興活動、麻作りの「伝統技」を受け継ぎ、次世代に継承する援農活動に頑張る「栃農高生」の村おこしプロジェクトの活動を紹介する。

栃木県　栃木県立栃木農業高等学校　2年　永山　和　参議院60周年記念論文入賞論文

私の住む栃木県栃木市は足尾山麓の山合いに位置し、のどかな里山が広がっています。しかし三方、山に囲まれた私の家の周辺には、自然環境と産業が谷間となるような地域があります。そして地場産業と呼ばれる在来工業や伝統農産物の産地が存在する地域です。葛生石灰として江戸時代から石灰焼成が行われ「つぼ焼き」「釜焼き」などの工法で、野州石灰として全国一の生産量を誇っています。さらに昭和40年以降の建築ブーム、道路工事用として建築業界の需要も高まってきました。埋蔵量20億トンと言われる豊富な砕石資源がある中、昭和50年代に川砂利を使い果たし、山砂利への依存が強まり急成長しています。そして「石灰の街」「ダンプ街道の街」として産業の発展とともに自然が破壊され、民家も離れていってしまいました。一方、山地では400年以上も前から麻、そばの産地が残され、山間地農業が営まれています。

私の住む集落は日本一の麻の産地で、野州麻と呼ばれ全国各地に出荷されています。麻栽培は、第二次世界大戦以前は全国各地で行われていました。しかし、光沢のある強靭な高品質の繊維を生産できる地域は、栃木県の本校周辺の山麓一帯だけとなってしまいました。麻作りには自然環境が及ぼす影響が多く、夏は冷涼で西日が当たらず、霜の害が少なく、砂質土壌で、水はけの良い傾斜地が適しています。栃木県では粟野地区の山間部が風害も少なく良い環境の地域とされています。しかし、山間地の過疎化、さらに後継者不足などの農業をとりまく問題から、麻作りが減少し、昭和15年には6千ヘクタールの麻畑で覆われていた地域も、今年度は5ヘクタールの作付面積で、農家戸数も18戸が残るだけになってしまいました。そして65才以上の高齢者が人口の半数を超える集落となり、生活活動を継続するのが難しい「限界集落」と呼ばれてきました。

このような現状の中、全国各地で過疎化対策として、国や地方自治体ではレジャー施設、美術館、記念館など「箱物」と言われる施設整備など山村復活事業に巨額の資本が投資されてきました。しかし、新聞やニュース等で報道されているように建設後、2~3年は観光客が集まりにぎわいを見せていますが、その後は客足が絶えてしまいます。自治体では維持管理が重なり大きな財政負担となり自治体自体が崩壊しているのが現状です。

私は現在栃木県立栃木農業高校生活科学科で学ぶ農高生です。入学後、環境科学部に入部し、地域の自然環境問題について調査研究しています。そこで私たち農業高校生はこの山間地の自然や環境を守り、農業生産の活性化を目指して「村おこしプロジェクト班」18名を結成し、農家や関係団体と連携して、研究活動に取り組んでいます。山村を守るには、昔と同じように農業の振興を図り、農地の保全や、民俗文化を守り続ける必要があると思います。そこで農業高校の「学習の中心であるもの作り」の教材を生かし、村おこしに取り組む事にしました。

栃木の麻作りは1500年代に始まり、「野州麻」の名柄で全国に出荷されて来ました。麻は繊維としての強さを生かし、下駄の鼻緒、麻縄、など生活用品として利用されてきました。しかし化学繊維などの普及に伴い需要が少なくなってきました。しかし「民俗行事」、「神社の祭事」など日本人の生活風俗に欠かす事のできない貴重なものです。麻は「大麻取締法」の問題から、一般の栽培は禁止されている事がわかりました。そこで全国で唯一麻の産地が点在する農家で、現場実習を行いました。麻は4月に種まきを行い、草丈3m以上に成長した麻を刈り取り、麻風呂といわれる大きな桶に浸し乾燥させておきます。その後麻引きを行い、竹竿につるし、干し上がった麻は精麻3000枚で15kgを1把として取引きされています。このようにすべて手作業で熟練を要する仕事のため、高齢化した麻農家にとって大変な仕事です。私たちは毎年この時期に現場実習を行い、地域農家と連携し活動しています。

栃木市は北部の麻栽培地域に隣接して、下駄・鼻緒・草履等の地場産業、芯縄工業の発展に重要な要因となっていました。まず「芯縄」と言われ下駄の鼻緒など、今でも希少価値の高い伝統縄作りに取り組みました。この芯縄作りは水田農家で農閑期の副業として行われ、我が家でも100年以上も前から行っています。そこで、我が家に伝わる芯縄台を見本として昔ながらの組み込み法を用いて作りました。麻をなう事は太さや長さも均一にするなど難しく、手のひらもすりむけ、根気のいる作業です。規格品は一反といわれ1000本の麻ひもが編んであり、栃木の麻農家が生み出した麻ひもの芸術品です。この職人技を受け継ごうと私たちも毎日、芯縄作りに取り組んでいます。

麻の表皮を取り除いたおがらは、古い民家の屋根のふきかえに使われる以外は、農家の庭でカイロ灰として焼かれ、農家の収入源となっていました。携帯用暖房機具の一つであるカイロ灰は、栃木市の地場産業として野州麻の生産地を背景とした伝統産業として全国各地はもちろん中国・朝鮮半島にも輸出されていました。原灰の生産は農家の副業として行われ昭和中期には150戸の農家が麻炭焼きを行っていました。しかし、１９８０年代に入ると使い捨てカイロが普及し、生産の火が消えてしまいました。そこで、昔ながらの「カイロ灰」を復元させようと、昭和初期の資料を参考に試行錯誤を繰り返し行いました。そして麻紙の袋を使うなど独自の方法で復元した「とちのうカイロ灰」が出来上がり商品化に向けて取り組んでいます。麻殻は現在、花火の原料として再利用する方法が行われています。しかし、地道な作業で毎年炭焼き職人がいなくなり、全国で名渕さん一人になってしまいました。そこで麻炭焼きを守り続けている名渕さんよりご指導いただき、私たちも麻炭焼きに挑戦しました。戦前からある野焼きの炉に直系１ｍの麻束を入れ、灰にならないように水をかけながら、火加減を調整するなど名人技を教わりました。

そして私たちも麻炭で花火作りの研究に取り組みました。花火のよしあしを検証するには、線香花火が基本となる事を知り、足利工業大学の研究室をたずね製作していただきました。花火の配合割合にもとづき、麻炭を混ぜ合わせました。その結果飛び方、開き方、散り方なども安定した線香花火ができました。そして名渕さんと私たちで焼いた麻炭が地元や全国の花火大会で上位の賞に輝き、品質の良さや精度が認められ、各地の花火業者から注文が殺到しています。

次に農林水産省から集落の資源環境向上対策事業が示されました。その事業を村おこし活動に活かそうと景観や環境に優しい集落作りを私たちの独自の方法で考案しました。また、昔から

「ヒガン花」は日本各地の墓地周辺に魔よけとして植えられています。この伝統風習について古文書などで調査した結果、ヒガン花の鱗茎《りんけい》には有毒なアルカロイドが含まれ、ネズミやモグラが侵入してこないと記載されていました。さらに水田には野ネズミ、モグラが繁殖し、用水路の土手がすみかになっています。そこで伝統農法にヒントを得て、ヒガン花の球根の毒性を利用した駆除対策に取り組みました。9月にヒガン花の株を掘り起こし、株分けを行い、球根をポットに植え、今年は3000株を分球し農家に配布しました。球根は、モグラの駆除に役立ち、秋の彼岸に真っ赤に咲き誇るヒガン花は、稲穂やそばの白い花と調和し、水田の新しい景観作物として注目されてきました。

地場産業には風土を生かし古くから地域になじんだ存在として資源依存型産業、地元の素材を生かし住民の技に支えられて存在する伝統技術型産業があります。これらは石灰工場、麻加工業者、麻殻焼き業者など郷土産業であり大切に次の世代につなげていかなければなりません。そして、共生させる事により新たな息吹を与え、生み出す原動力となると思います。農村の高齢化、過疎化により農家の空き家が多くなり大きな社会問題となっています。この自然豊かな山里に石灰工場で働く人々に移り住んでもらう、という活動が始まりました。さらに、多くの団塊世代が2007年に退職する中、地方に定住を夢みる時代的感覚が芽生えてきました。第二の人生を自然豊かな農村で過ごしてもらう、もしくは農業を生き甲斐として始める人々が増加していく中、里山オーナー制度や故郷再生活動などで村おこし事業の輪を広げていくつもりです。エネルギー消費の増大、資源の枯渇など地球規模での環境問題が深刻化する中、環境との共生や資源の有効活用などが重要となっています。先祖から何代も受けつがれてきた風土や資源と、そこに生きる人々の生活の知恵を土台に、地場産業は育ってきました。農村においても山村を復興させて行く事が、私たち農高生が考える「小さな国作り」「豊かな村作り」の一考となると思います。そして、国の政策に掲げられている「美しい日本」の底辺活動として、日本の山村の自然そして、農村に残されている民俗風習を次世代に受け継ぐ後継者として頑張っていきたいと考えています。

【研究発表】

小森芳次（栃木県立栃木農業高校教諭）

栃木県の県南にあります栃木県立の栃木農業高校です。当然農業高校ですから子どもたちはいつもトマトを作ったりメロンを作ったりして、授業をやっております。たまたま学校の近くに、全国的に見て鹿沼市というこの場所でしか作っていない野州麻《やしゅうあさ》があります。

農業高校ですから、その視点から伝統文化を残そうという事で、6～7年子どもたちといっしょに農家へ行ったり、麻の利用方法についての研究をしております。

おかげさまで、伝統文化のコンテストなどで様々な賞をいただいております。

今日は、ちょっと時間の関係で全部ご紹介できないのですが、麻と里山というのは非常に似通った関係がありまして、この麻を残さないと麻自身も消滅し、里山も消滅してしまうのです。麻やそば以外は育てる作物がないところがけっこう日本にはたくさんあって、そういう里山の再生に向けて、麻を残さなければならないのです。

それから麻をつくった後には、そばをつくります。それは、麻は畑の窒素などの成分をたくさん吸うのでその後そばを作ると非常にコクのあるそばができるからです。こういう伝統農法が昔からあったわけで、受け継いでいかないと山間地農業は廃れてしまいます。

麻は収穫が7月の末ごろ、一番暑い時に行われます。麻を採ったあとの8月の頭にそばを蒔いてお盆を迎えます。

この地域は、単に麻を栽培しているのではなく、麻をつくる事によっていろんな農村文化が営まれているのです。例えば、みんなで手伝う「結」や麻蒔きが終わったら集まるとか、麻が倒れないように祈願する祭とか秋祭とかがあります。

そういう日本の農村行事が、この麻栽培といっしょになって平行してついてきています。麻がなくなる事によって、今度は日本の農村文化、農村行事、儀式そのものが忘れさられてしまうのです。行事だけでなく、使われていた民具もなくなります。非常に大切な文化なので、これからも残していかないといけないなと思います。

特に若い世代がそういった事に興味をいだけるように、できるだけ小中学校にも働きかけており、全国で一カ所残された麻の産地の近くにある農業高校として活動しています。ここからは、農業高校の生徒たちがこれまでにやってきた事についてまとめたものです。私の話はこれくらいにして、またご意見等をいただければと思います。

栃木県立栃木農業高校生徒
こんばんは。栃木農業高校です。私たちは地域の環境や農村文化について、地域おこしプロジェクト班25名で活動をしています。本校周辺の山岳地帯には、全国で唯一残された麻の産地があります。私たちは野州麻の伝統工芸を次世代に受け継ぐ活動をしています。

今から、活動内容を紹介します。

本校周辺の山岳地帯は、400年以上も前から麻の栽培が行われ、野州麻として全国一の麻の産地が残されています。そして、山村の特用作物として山間地農業を支えてきました。

「麻の里、栃木の里山を次世代に。取り戻せ山村の生活文化」と題して、プロジェクト活動に取り組みました。麻は下駄の鼻緒、さらに伝統行事や神社の行事など、日本人の生活文化に欠かすことのできない工芸作物です。

しかし、昭和の初めには900ヘクタールの麻畑で覆われていた里山も高齢化や後継者不足が重なり65歳以上が人口の半数を超える限界集落となっています。このままでは過疎化が進み里山として機能しなくなってしまいます。そこで私たちは農村の生活文化を学び麻の里山を復活させようと、3年間の計画を立てて実施しました。

全国で唯一残された麻の産地の風土、伝統、技を受け継ぐ担い手となるよう地域農家や郷土資料館の協力をいただき実施しました。


麻の民具調査その1。麻の生産用具調査。先祖から何代も受け継がれてきた麻の生産用具は里山の民俗文化として大切に保存されてきました。特に明治15年に麻農家によって開発された種まき機は日本の農機具の原点とされ、手押しの種まき機は現在も使われています。

この麻の種まき機は傾斜地の多い麻畑でも均一に種が蒔ける構造です。このような麻づくり独特の民具や農作業用具を調査し、見取り図や部品の設計図などの記録簿を作成する事にしました。

麻の民具調査その2。伝統の麻縄づくりに挑戦。栃木県では、明治時代以降、日光下駄の家内工業が盛んに行われ現在もその伝統工芸が残されています。その部材として下駄の鼻緒は麻を編んだ麻縄が使われ、栃木の下駄産業を支えてきました。

この麻縄づくりは農閑期の副業として農業の貴重な収入源とされてきました。しかし、昭和15年に3000人以上いた麻縄職人も今では20人ほどとなってしまいました。そこでこの麻縄づくりの伝統技を私たちが受け継ぐため調査を始めました。

縄を編む作業は手のひらもすりむけ根気のいる大変な作業です。さらに太さや長さを均一に編む事は難しく、高度な技術を必要とします。そこでこの職人技を受け継ぐために手引書をつくる事にしました。

予備実験その1。新縄の作業手順。まず手のひらに麻をすべらすように右に6、7回ほど繰り返し編んでいきます。最後に3、4回反対側により戻す方法で編みます。

この手順を数回反復させる新縄独特の手編み方法で行いました。そして1本の麻ひもとして作りだす事ができました。これを基本動作として編み上がった1000本の麻ひもは、太さや長さも均一で栃木の農家が生み出した芸術品です。そして私たちが復元した15台の新縄台を使用してふるさと共同まつり、栃木の伝統文化祭などで新縄づくりの継承活動に努めています。

麻の活用法。くず麻を再生した麻紙づくり。麻は麻挽き（おひき）作業がおこなわれ精麻として製品化され出荷されます。その過程で残されたくず麻は麻の繊維の強さを生かし、漆喰の壁の中に入れたり障子の素材として昔から利用されてきました。しかし、住宅様式の多様化によりこのくず麻は利用価値がなくなってしまいました。そこで麻の繊維の強さ。植物繊維のもつ素朴さを生かし麻紙つくりに取り組みました。

まず麻紙づくりの基本を学ぶため和紙づくりを応用した紙づくり方法を検討しました。さらに麻の特性である繊維の固さを柔らかくするため、くず麻をたたき水につける工程を行いました。その結果、行灯《あんどん》や障子壁紙など和風様式に合う工芸品をつくる事ができました。そして麻農家の大森さんの野州麻工房の麻紙づくり体験教室に私たちも参加し、新しい麻紙製品づくりに取り組んでいます。

麻炭焼きに挑戦。7月に麻狩りが行われ9月に入ると麻挽きが始まり精麻として出荷されます。そして残った麻幹はオガラと言われ、焼かれてカイロ灰となり栃木の地場産業として栄えてきました。しかし1978年以降、使い捨てカイロと言われる安価で手軽に使える製品が普及するにつれてカイロ灰の需要が少なくなってきてしまいました。けれども、その後は日本の夏の風物詩とされている花火の材料として良質な野州麻の麻炭が使われてきました。

花火のよしあしを決めると言われている麻炭は花火業者にとって大切な素材とされています。しかし、炭焼きは真っ黒に汚れ熟練を要する仕事のため麻炭焼き職人も全国で馬渕さんひとりになってしまいました。それでは日本の麻炭焼きの灯が途絶えてしまうため、花火業者から存続運動の声が高まっています。

そこで私たち農高生は、伝統麻炭焼きを受け継ごうと麻焼きの研修や現場実習を繰り返し行っています。

予備実験としてオガラの燃え方を検証するため、試験官で燃焼実験を行いました。その結果、麻の茎は空洞で節がないため、竹葦《ちくい》などと比較すると燃焼時間が早くなる事がわかりました。そして、煙の発生状態や焼き加減などの伝統の技を記録しました。

そして、この記録簿を経験と勘だけでやってきた馬渕さんに見ていただいたところ、50年間の職人のわざを検証できたと、私たちの研究成果を認めていただく事ができました。

このように、麻とともに根づいてきた伝統工芸品や生活文化を見直す活動の輪が広がり、麻の生産用具が国の民俗文化財に指定され、下野の国・野州麻の工芸作物に関心が高まってきました。

生活改善その1。山村の野生の鳥獣対策に麻縄を活用する活動。里山の自然は多様な生物の生息の場や布や生活環境の機能を持ち続けてきました。

しかし、山間地域では林業の低迷や山間地農業の減少などにより山村の自然環境が破壊され、イノシシ、シカなどの野生の鳥獣による農作物の被害が増え続け全国で23万ヘクタールにものぼるそうです。

私たちの里山でもイノシシやシカなどの被害が拡大し、水稲、そばやこんにゃくなどの被害が拡大し、苗が食い荒らされ、農家の人たちは頭を抱えています。そこでJAや農政課では電気柵や鉄条網などの対策を進めていますが、設置経費や能力などの問題で普及が進まないのが現状です。

私たちは3年前より無農薬農法、安心安全の農作物栽培をテーマに木酢液、唐辛子、ハーブのドクダミなどの自然の素材を活用した環境保全型農業に取り組んでいます。さらに麻の繊維の特性から麻は、ビニール繊維に比べて水分を吸収しやすく、水を含むと強靭な縄になる事が分かりました。

そこでこの二つの研究成果をもとにして、麻縄に唐辛子、ハーブ、ドクダミなど刺激臭のある植物の抽出液をしみ込ませる方法を考案しました。そしてこの麻縄を野性の鳥獣対策に応用できないかと考え、唐辛子などの抽出液の希釈倍率や混合農法などについて繰り返し実験をおこないました。

予備実験。そば畑と水稲での現地実験。まず地域農家の試作をお願いするため模型の制作や唐辛子入りの麻縄の特性使い方などをまとめた冊子づくりを行いました。

特に果樹園、水田、そば畑など用途に応じた縄の張り方など図案化して農家に配布しました。そして稲の刈り取り時期にイノシシの被害がある里山の水田で実用試験をおこないました。けもの道の言われるイノシシの通路に二段の麻縄を張りめぐらせました。その結果イノシシの進入を防ぐ事ができ、この麻縄の効果が実証されました。私たちの里山では5月の田植え時期には苗を食べてしまう被害が多いので、その時期に麻縄を張りました。

さらに秋の刈り取り時期の被害にも再度この縄を導入試験したところイノシシ対策として効果が認められました。

実用試験その1。山村での見地実験。こうして農高生と麻縄の工場が協力し、唐辛子などを浸した麻縄が出来上がりました。そして農林水産省にエコマークもいただき特許も取得する事ができました。

この麻縄は取り外しができ、高齢者にも手軽に使用できるなど安全で安心な素材方法として好評でした。そこで環境に優しい麻縄動物ロープと名づけ雑誌や説明書を作成し、試作品を全国各地の野性の動物被害農家に送り、問題点の改善や普及活動に努めてきました。

研究のまとめ。里山の持つ豊かな地域資源を次世代に引き継ぐため栃木夢大地応援団活動に参加し地域に根差した村おこし活動に貢献する事ができました。農業高校生の視点から山村の営農活動では、農村文化の復活などふるさと再生事業に地域とともに取り組む事ができました。麻のふるさと産業として麻紙づくりや下駄の芯縄づくり、そして麻炭の伝統の技を継承する環境づくりができました。

今後の課題。日本古来の生活文化として大切に守られてきた麻の集落を再生する村おこし活動や農村の民俗風習の保存活動にも取り組んでいきたい。麻の里栃木の里山の自然環境を守り、山村のふるさと産業を復活させ伝統文化の担い手を目指してがんばっていきたい。

質疑応答

司会者　今就職難が叫ばれてるんですけども進学されますか？　それとも麻の農家に就職されますか？

生徒　私は進学して、もっと麻の事を調べたいなと思っています。

森山　これは実際に国政にたずさわる議員の方たちが本来こういう事を勉強していかなきゃいけないと思います。今日、あなた方が来た事はこれから国会議員に伝えます。たぶん知ってる方もいるでしょうけども知らない方がほとんどだと思います。ぜひ、またこういう勉強の機会を今度は議員を集めてやりたいと思うんでその時はまた来ていただきたいと思います。

司会者　本当に高校生とは思えない内容ですし、麻の利用方法がいろいろあるという事もすごく分かりました。みなさんの研究がこれからの日本を変えていく元になっていくと思います。それでは、男の子にちょっとインタビューしたいですね。どうですか？

生徒　この研究を本当に生かしてほしいです。いろいろと麻について誤解があると思いますので、それを解いていきたいと思います。

Part 2

大麻草サポーターによる
フリートーク

中山：皆さんどうでした？　すばらしいですよね。麻とともにある栃木農業高校生たちの清々しい心、まさに麻そのものですね。大人の我々も、もっとしっかり次世代への取り組みをやりましょうね。日本の未来も捨てたもんじゃないですから。

これからの時間はフリートークとして、僕がチェアマンをやらせてもらいながらいろいろ麻のディスカッションをしたいなと思いますけれども。

今日の大麻草検証委員会の記念すべき第一回目のイベントは国民会議ですよ、国民会議。みんなの会議という事なので、ぜひそれを受け取っていただいて、この国民会議イベントをきっかけに、麻の葉模様のように生命のつながりを結んでいけたらと思います。

この日本には、麻にまつわる素晴らしい言葉がたくさんあり、稲麻竹葦《とうまちくい》という言葉があります。稲麻竹葦というのは、稲・麻・竹・葦の漢字を用いて表される言葉で、生命力が強い植物が血気盛んに密集しているさまを表してる言葉なんですね。稲が実り、麻のように群生し、竹のように茂り、そして葦のようにあたり一面に生えている状態、日本の昔は麻も含めてたくさんの植物に囲まれて幸せで美しい国だったと思います。そこで今一度、真に豊かな国民生活を麻から元氣に始めたいなと思います。

そして、そんなふうに植物を大切にするすばらしく美しい日本を復興する意味で、ぼくたちは大麻草検証委員会なるものを発足しました。今年の4月26日に、あるご縁で発足させてもらって、僕も含めた5人から始まったこの会は、少しずつですが今、着実に広まってきています。そして今日の会の主催でもある大麻草検証委員会の趣旨、当面の目標を今から少し、森山代表にお話していただきたいと思います。よろしくお願いします。

森山：検証委員会の趣旨は、皆さんに配布した資料の中に書かれてありますが（＊巻末資料1参照）、委員会を発足する源泉になったのは、丸井英弘先生との出会いからが始まりです。平成22年2月22日の2時に2続きの不思議な出会いをしました。丸井先生に出会う以前から、麻という植物が民主主義の根幹を問う時に、一つのリトマス試験紙になると思って勉強、研究、検証しておりました。

大麻草関連の活動については、インターネット上で様々な識者の方々がこの問題に取り組んでいる事は承知しており、僕も関わっていこうと思ったのです。これは、政治的な解決をしていかなければ根本的に変える事ができないと考えたからです。

先ほど、栃木の農高生の研究発表がありましたね。麻を育て、日本の伝統文化を守り、山間地の過疎地の活性にも繋がると、純粋な動機で取り組んでいる事に感銘を受けました。また、栃木の麻の栽培は「野州麻」という伝統的なものであったから取り組めたと理解できました。

産業化のため、麻の栽培をやってみたいという方はたくさんいます。栽培申請をした時に一向に認められないとの話がほとんどです。なぜそんなにも、許可が下りないのでしょうか？

どうすれば、この問題の解決が出来るのだろう？　栽培に関しても、人権侵害に関しても、日本が法治国家である以上、政治的に法律のところから議論をしていかなければいけないと思っています。

僕は10数年前から政治活動を行っていました。政治に無関心ではいけないと考えたからです。政治活動をしていれば「いつか世の中に役立つ」事に繋がると。大麻草が内包する法律的問題は、世の中を変える時に役立つ事柄です。何の法益も無く施行され続け、被害は人権侵害だけという法律が大麻取締法だからです。

今年になり、ここに参集している検証委員会のメンバーの方たちと出会い、問題解決の方法論の話が始まりました。

麻が内包する法律的な問題解決を諮《はか》る道筋が、本当の民主主義に繋がっている。繋がっていく事の一里塚になると考えました。

時期が来た時は天命が下りてくる。宗教がかった事をいいますけれども、天命に動かされた時には、必ず邂逅《かいこう》が起きます。何かを行う時には、人と出会うタイミングが大切なのです。出会う時期に出会うべき人と出会っていく、そうした邂逅のタイミングに丸井先生と出会って、中山さんと出会って、赤星さんと出会って、長吉さんと出会って、多くの方と出会いました。

そこで様々な問題点の話をした時に、結論として、やはり法律から変えなければいけない、そのために委員会を立ち上げましょう、委員会で活動すれば、世論喚起になり、議会人の耳にも入るし眼にも留まるという話になりました。

本日、麻の勉強のために地方議会の議員さん、たくさん来ていました。議会人の方たちに話をすると、大麻って言った途端にほとんどの方が「痲薬の事ですか？」と言いますよ。

これは、完全に「ダメセン」のレトリックにごまかされている。事実を伝えていくと「そうなんですか」と関心を向けてくれます。

大麻草に関しては、「ダメセン」が発信している欺瞞《ぎまん》を含んだ、検証されていない、いい加減な情報が世の中に満ち溢れている事が根源だと思います。実際にメディアが伝えている情報も一方的な伝え方をしている事が多いと感じます。

だから、本日のような識者による講演の場というものが必要になってくる。なぜって言ったら「百聞は一見に如かず」なんです。実際に見てみないと、人は信じない。議会人を集めて今日と同じように栃農高の生徒さんによる研究発表会を、機会があれば行いたいと思います。「大麻草」の活用が、地域文化保存、振興に繋がると、若者が真剣に研究活動を行っているのですから、僕らが話すより数倍速いスピードで、議会人の方々も大麻取締法の不条理を理解すると思っています。

本日のような活動を通じて世論喚起を行い、法改正に繋げていく、まず私たちが声を上げる活動をする。今まで以上に大きな世論喚起を行うための活動団体として、大麻取締法に「異を唱える」個人、団体が一致団結して、大麻草検証委員会を立ち上げました。以上です。

中山：検証委員会の主旨に共感していただけたら、ぜひ仲間になって下さい。本当に日本国民の伝統的宝物であり、生活資源であるこの麻、この植物をみんなで復興し、みんなでより良く真に豊かになっていこうという意味でこの会を立ち上げたんです。

ここで、世話人を改めて紹介します。検証委員会の主旨についてお話していただいた森山代表です。こんな素敵な中年がエネルギッシュに活動してくれる、日本もまだまだイケてますよ。

そして皆さんご存じの通り、弁護士の丸井先生です。法律面を担当しています。検証委員会のいわゆる法務大臣です。

そして作家の長吉さん。彼もまたすばらしい麻の活動家でもあります。文筆家として、あらゆる媒体との接続を担当しています。

そしてすべての麻の情報のデータバンクと言える麻知識の宝庫、ヘンプレボの赤星君、戦略担当です。

そして、渉外担当をやっております、私、中山康直です。改めてよろしくお願いします。

この5人以外では、ウェブ担当の谷代さんとリフレッシュ学園の牧内会長、あと今日一番最初に基調講演をしていただいた武田先生と、合わせて8人が世話人メンバーです。武田先生は、顧問として位置づけさせてもらっています。

この8人の世話人以外にも、様々な方たちがこの検証委員会に参加してくれています。ですから、ぜひこの検証委員会のメンバーになって、日本の精神文化と麻の復活をぜひ協力し合ってやっていきたいな、子供たちに負けないように、大人のスピリットを今こそ見せる時が来たんではないかなと思っています。

そして今日は麻の国民会議ですので、とても素敵な麻のエキスパートが多数来ていますから、何人かご紹介させていただきます。

まずトップバッターは、前田耕一さんといって、一番前の田畑をはじめに耕す人です。名前の如く、麻の活動畑を最初に耕してくれた人で、厚生労働省からいろいろ言われながらも、素晴らしい食材としての麻の実ナッツをこの日本に流通させた張本人で、ぼくも大尊敬している前田耕一さんです。

前田：麻の実から作った食品の販売なども手がけていて、ネット販売なども行っていますので、ぜひのぞいてみてください。（＊ヘンプキッチン　http://www.hempkitchen.jp）

実は、僕は大麻の医療使用に関して、10年前に「医療大麻を考える会」という会を作りました。しかしちょっと早すぎたっていうのか、社会の認識も希薄という状態で、1年ほど活動したあと休止してたんですが、最近NPOとして新たに申請し、認められました。ただ、普通はNPOに申請すると3カ月程度で認定されるところを、6カ月かかりました。NPOの名前の中に「大麻」というのがはいっている団体は、これまでなくて、審査が厳しくて時間がかかったというわけです。NPOにすると、メディアも当局もこれまでのようにまったく無視するという事はできなくなるんではないかという事で、これからの活動にプラスになると考えています。

アメリカの状況を見ても、選挙や住民投票を通して、大麻の医療利用については前向きに扱われてきているという事があって、今後の日本の運動にも弾みがつくんではないかと思っています。

最近よく、大麻取締法というのはアメリカによってつくられたんだと言われています。中山さんも、大麻の問題は日本の民主主義、あるいは独立のリトマス試験紙になるんじゃないかとおっしゃっていました。僕もそれには同感で、大麻は実際にアメリカによって禁止されたものです。それははっきり言っていいと思います。それはどこで分かるのかというと、インターネットで国会議事録というものを調べて、そこで昭和20年から30年あたりの期間をとって、検索用語を「大麻」と入れると、当時国会でどのような話がなされたかという事がすべて出ています。方言でしゃべっている人の言葉は、方言のまま出ています。

丸井先生も言われたように、当初、アメリカは日本の大麻を全面禁止しようと考えたのです。ところが、戦後は縄とか簡単な繊維製品は、藁か麻でつくってた。しかも、戦争に負けてお金がない時代ですから、貧しい村はそれまで田んぼのあぜや裏庭で作っていた麻を利用するしかない。

そこで、農村出身の国会議員は、何とかして麻の栽培を許可制でもいいので残してほしいと占領当局に交渉した。そのかわり、占領軍が禁止の理由としている大麻の有害性については徹底的に対処する、つまり、それまで民間薬や漢方で使っていた医薬品としての利用は全部禁止しますというような法律を作ったのです。当時は、漢方薬などは迷信の一種ぐらいの扱いで、禁止しても問題にはならないと考えたのでしょう。

それが、60年たった今、大麻の医療利用が完全に禁止されているいきさつですね。大麻取締法では第4条の2項と3項に「何人も大麻から作った薬を施用してはならない、施用されてもならない」とあって、医者であっても、ほかに治療の方法がほとんどない瀕死の病人であっても、例外なしに使用が禁止されていて、違反すると懲役刑に処せられる。病人が病院ではなく刑務所に入れられるのです。こんな事がまかり通っているのが日本です。大麻がどれだけ有効であっても、医療用としての道をまったく閉ざされてしまっているというわけですね。

しかし、こういう状態は実は日本だけであって、厚生労働省は麻薬の国際条約がどうのこうのって言ってますが、国際条約には大麻はもちろん、アヘンも医療用として使用してはならない、研究してはならないという条項は一切なくって、逆にWHOや国際条約の監視委員会などは「大麻をもっと医薬品として研究しなさい」という勧告すらしているんですね。

ところが日本だけが、60年前に占領軍に押しつけられたまったく時代遅れの法律、しかも変ないきさつからできた法律を変える事もできないまま、過去に縛られているというわけです。

しかし、日本も大麻に関して、薬学の分野では非常に進んでいて、帝京大学の杉浦教授は「大麻はなぜ、どのように効くのか」という事を世界に先駆けて薬理学的に解明したんです。薬学の分野での大麻の研究は、世界的水準にあるんです。これは意外な事だと思われるかもしれません。

ただし薬学と、実際に病人に使ってどのような効果があるかを研究して役立てるという臨床医学の分野は別です。この臨床試験すらできないというのが問題なのです。

大麻がなぜ、昔から喘息の特効薬と言われているのか、末期癌の痛みや偏頭痛やリューマチの痛みにも効くのか、それは気のせいではなく、医学的には既にはっきりしています。

つまり、レセプターという大麻の有効成分を受け入れる受容体が、人間の体のあちらこちらにあるからだというのが、薬理学的研究で分かっているわけですね。

最近では、癌の痛みだけではなく、癌細胞の増殖や転移を防ぐ事も、外国の、例えばハーバード大学の臨床研究でわかってきた。ところが日本では、大麻取締法という法律があるがために、臨床という分野ではまったく遅れてしまっている。臨床試験ができなかったら薬にもできない。これは将来、非常に高い特許料がかかった薬を、日本が外国から買わされる羽目になるという事です。

話は少し変わるのですが、もし痛みがとれれば、病人にもいろいろできる事があると思うのです。医療大麻を考える会で10年前にアメリカに取材にいって、いろいろ見てきましたが、最も印象的だったのは、病人が大麻を安全に入手できるためのバイヤーズクラブの存在でした。路上の犯罪組織から買ったり、高くふっかけられたりしないように、クラブで大麻を供給しているのです。サンフランシスコの、あるバイヤーズクラブは、癌やエイズや脊椎損傷や、さまざまな難病の患者さんたちが、ボランティアでクラブの運営にあたっていて、運営方針なども患者さんたちが自身で決めている。クラブのホールでは、テーブルを囲んで患者さんたちが談笑したり、癌の患者さんたちもこれでも病気なのかっていうぐらい明るくていきいきしている。

他の薬物と違って、大麻には人を社交的にする効果がある。よく、マリファナパーティという言葉を聞きますが、大麻は他人との交流がしたくなるような作用がある。また、大麻を吸うと楽しい気分になる人が多いので、病気からウツっぽい気分になっていても、ほかの患者さんと話をしたりする事で気持ちが前向きになる。それとボランティアで人助けをしているという、社会の役にたっているという、やりがいや充実感、これも大きいと思います。

病人が、病人や高齢者をケアするわけですが、これが患者さん本人の生きがいになるのは当然としても、社会的コストの削減にまでなるという点、これは、今後の高齢化社会を迎える日本にとって、真剣に考えてみるべき事だと思います。

つまり、病人を誰かが世話するとなると、その人の給料が必要ですよね。ところが、病人がボランティアで病人を世話するわけですから、お給料がいらない。と同時に、病気の人っていうのは、もう自分は世の中の邪魔者扱いされているんじゃないかと思いがちなんですが、そうやってお互いに助け合いができるというと、患者さんの生きがいにもなると思うんですよね。この辺の事は、病人のＱＯＬというか、非常に重要なポイントだと思います。

これも大麻にはモルヒネと同等か、あるいは癌などの場合はそれ以上の効果があるという事が基本的にあります。

それと、大麻は中毒になったりしない、自分たちで安全に使いやすいものだという点、さらに人を社交的で楽しい気分にさせるというこの大きな3つの特徴があり、これはもう僕は神様が人間に与えたギフトではないかという気にすらなるんです。

それと、最近、病院で死ぬというのはどうなんだと、本当はできれば家で死にたいという希望を持っている人が多いという本を何冊か読んだのですが、それもやっぱり痛みがうまくコントロールできると、患者さんは末期を家で過ごせるんですね。実際に。アメリカでは退院して家で最期を迎えるという人も多いんです。

この場合、その家族はどうなるんだという問題がでてきます。自宅で介護をすると、家族は仕事に行けない。その間は国が家族に対して介護手当を出せばいいんです。病人本人も他人より家族に世話してもらいたいというのがホンネです。家族に迷惑がかかると思うから病院にいるという場合が多いと思うのですが、考えてみると、病院で看護士さんとか医者に診てもらうコストと、家で家族が介護するのと、どっちが社会的コストが安いかって言うとやはり家のほうがかなり安いと思います。しかも大麻だと、毒性も少ないし依存性も低いし、量が増えていくっていう事もない。しかも、モルヒネなどと違って、患者さんの意識ははっきりしてるんです。アメリカなどでは、病人は家で家族に看取られ、感謝しながら死を迎えるという事がよくあるそうです。

それと、最近ちょっと新聞で見たんですけれども、日本の自殺の社会的コストは3兆円もかかっているという試算がありました。経済的事情で自殺される方も多いと思いますが、必ずといっていいほど追い詰められてウツになる。

ところが大麻というのはですね、吸うとハッピーになるってよく言いますけれども、ウツにすごく効果があるんです。違った観点から物事を見直す事ができて、気持ちが明るくなって、生きる意欲も出てくるしという事で、全てのウツの人が大麻で治るとは言いませんけれども、そういう事も考えられるわけですね。

近い将来、必ず問題になる医療費の問題、患者さんの生きがいや生きる質の問題、高齢化と末期医療、そしてウツの問題、それとそれらをひっくるめた社会的コストの問題、これらに大麻は有効に活用できるのではないかと僕は思うわけです。

そうした未来の日本を救うというレベルの事であるにもかかわらず、大麻取締法は大麻の医療利用を全面的に禁止している。研究ができないどころか、社会的タブーになっていて話題にする事すら憚《はばか》られる。医者も患者さんから大麻の効果について質問されると「その話はやめてください。聞かなかった事にしてください」という始末。厚労省やマスコミが恐いのでしょうが、どう考えてもおかしい。もっと言うと、最近問題になっている覚醒剤やアルコール依存症などの薬物依存の治療にも大麻は役立つと僕は思います。僕の周りには、大麻でアルコール依存症から立ち直ったという人がけっこういます。ただ当局は、大麻の医療目的の利用そのものを認めていないので、例えば大麻で逮捕された人が１００人中１００人そのように主張しても、裁判官は無視するし、事実かどうかの調査もしない。ともかくまったく耳を貸さない。国民の言う事に耳を貸さないというのが、政府の大麻についての態度なんです。

大麻の経験者はよく、大麻を吸うと食欲がでるとか、よく眠れるとか、ストレス解消になるとか言います。病人にとって食欲がでるとか眠れるとかいうのは非常に重要な事ですが、医者も、政治家も、裁判官も、大麻を吸うような奴という事で頭から聞く気がない。

大麻を利用して国民の生活をより良くしつつ、しかも社会的コストを下げるという事、そういう事を考えて日本の医療制度そのものを変えるとなるとですね、これは大麻を利用した薬を1つ2つ作るという事じゃなくて、社会構造そのものを変えないといけないという事になる。そういう事があって可能になっていく話だと思うんです。それには、法律を変えるという事が避けて通れないと思います。でないと、タブーは永遠にタブーのまま続きます。もったいない話です。大麻草検証委員会は、前向きに法的なところを変えていくんだという事なので、非常に期待できるんじゃないかと思います。

参考動画
「ここまで来た医療大麻合法化の現実」　医療大麻を考える会制作
http://www.youtube.com/watch?v=J-XlvbyhT3Y
http://www.youtube.com/watch?v=ZFmbDEaYxUA&feature=related
http://www.youtube.com/watch?v=Vpn_kgJNwos&feature=related

http://www.youtube.com/watch?v=p04CmlsbVA&feature=related

参考文献
「崩壊寸前の医療・介護を救う」　廣瀬輝夫（篠原出版新社）
「家で死にたい」　川越　厚（保険同人社）
「抗うつ薬の功罪」　デイヴィッド・ヒーリー（みすず書房）

中山：前田さん、人道的なお話、ありがとうございます。

それでは最後に、大麻草検証委員会のメンバーでもあり、宮古島麻プロジェクトとして麻の産業を促進しようと尽力している地球維新の志士です。はるばる宮古島から来ています、正直者の伊香賀正直さんです。

伊香賀：みなさんこんにちは。国民会議、まずはおめでとうございます。

本当に楽しい会議で、喜びいっぱいの気持ちになって今、心が、魂が、充実しているなって感じています。高校生たちもすごく良かったたし、本当に時代が来たなという事ですが、僕は今、宮古島で、ヘンプの栽培促進プロジェクトというのを地元の方々とやっています。

いわゆる大麻の栽培を普通の事にしていこうっていう運動です。ですから僕は、実行部隊であります。歳は47歳です。

２００７年に宮古島に行きまして、その後、地域の方々に理解普及をしていく中で、丸井先生とか中山さん、赤星さん方に2回、3回と島に来ていただいて、講演とかイベントをやって、意識を変える事が一番大事だよっていう事も含めてやってきました。その中で覚えているのは、新聞などに麻について投稿記事を載せてもらったりすると、農家の方から電話で、こんなに環境にも地球にも良い植物ですから、たとえば赤星さんの講演会で、種はわけてもらえるんですか、栽培方法は教えてもらえるんですかという質問がたくさんきました。

そりゃそうですね、植物なんですから。これが普通の意識なんです。離島で暮らしている皆さんの意識っていうのは。そんなにいいもんだったら、育てようじゃないかと。

宮古でも近代農業が進んで、大地の下はかなり荒れてます。ですから、硝酸性窒素を吸収させたり、水をきれいにしたり。宮古島の場合は島が水がめになっているので、上で間違った事をすると下に全部たまるんです。今、テレビなどで宮古ブルー、青い海なんて言ってますけれど、実はいろんな事が下では進んでいる。だからこそチャンスで、今またさらにきれいな海とか、大地とか豊かな島になるように、僕は奉仕の一環としてこの事を進めています。

その中で、避けては通れなかったのが大麻です。宮古の農家さんの今の大麻に対する理解は、環境問題とか環境資源作物としてだけではなくて、「大麻は単なるツールや道具じゃないね。人が喜びあって豊かに生きていく中で、意識として分けあったり、もっと豊かにしていく意識作物として、大麻は必要だね』って理解していて、宮古島市EM研究会や、甘藷《かんしょ》農産組合の会長さんとかもいっしょに活動してくれてます。

そしてそこからもう3年たつんですけど、じゃあ今どうなってるかといいますと、もちろん沖縄には米軍がありますから、マリファナ喫煙って多いんですね、内地よりも。その中で、おととしの12月に、薬務衛生課に聞くと実際に「いや、もう沖縄はそういうのが多いので、捜査の免許は出してますけど、栽培なんていう免許はありません」と言うのです。僕が行く前に、50何人かだまされて、門前払いされてます。それは、科学者が行こうが、地元の名士が行こうが、同じ答えで突き返される。だけど、それに対して返す言葉がない。

僕は、満を持しておととし、僕が行く時が来たなと思って、1時間45分の間、薬務衛生課の担当の人と話をさせていただきました。

そこから2週間後、1月7日の赤星さんの誕生日に、沖縄で戦後初めて、栽培申請書ができましたので伊香賀さんどうぞっていう書類が僕宛てに送られてきました。

その1時間45分では、魔法を使ったんです。喜びと笑顔っていう魔法をつかったんです。

県庁に行って、薬務衛生課の4階の廊下を歩く時に涙が出たんです。今から麻の喜びをともにできる人に会えるって思ったら、心の中がわくわくしてブワーッと涙が出て、便所に隠れて本当に一世一代の喜びの涙だったと思いますけど。といっても、現実は現実としてあるんですが、その6カ月後、担当の方には『免許くださいじゃないんです。共通理解をして下さい。そのうえで判断し、行動をして下さい』という事で研究者免許を申請しました。僕という個人、なんの立場もない人間が、今度は縁があって沖縄の自民党の県会議員さん24名を前にして1時間、大麻の話をぶちまけました。そしたらちゃんと沖縄タイムズ紙が、大麻草は栽培も可能ですという記事を載っけてくれました。すると、薬務衛生課の人たちはこれはいかんという事で、共通理解をしようとなって実際に県の弁護士なんかもつけて、今度はそこから3カ月たって9月に、沖縄県の大麻栽培に関する基準書というのが作られて私あてに送られてきました。この基準にのっとって。どうぞ申請して下さい、と。

そこからしばらくたって、なんか動く気配がなかったと思ったら。今年の4月に薬務衛生課の担当が別の人に代わったんですね。上里《うえさと》林《はやし》さんっていう大麻みたいな名前の人で（林さんっていうのは下の名前です）、すごくクールで冷静な感じの方だったんですけど、ずっと話して最後にひとこと言われた事は、「伊香賀さん、大麻の免許っていうのは、あなたたちがどんなにいい活動していようが、悪かろうが、私たちにとって（まあ、薬務衛生課にとってですね）そんな事は関係ありません」という事でした。つまり、これは免許制で、不備がなければ行政手続き上免許を出さなければいけないので、不備のない申請があれば、行政マンの立場で県民サービスとして出しますという返事が来ました。

そこで実際、おととしからいっしょに動いてきた新城元吉さんという市会議員さんが、振興作物の栽培推進、宮古の未来作りという事で、今、研究者免許を申請手続き中です。

それから、今日は後でお渡ししますが、13味島トウガラシを作ってくれている農家兼製造業の西原さんも、未来のためにという事で、麻の種以外は全部宮古でつくったものを製品にしてくれて、栽培免許申請の準備をしています。

現在は、エネルギーの高い麻の種はは海外で1度殺され、国内で2度非発芽処理され、エネルギーがなくなってしまっています。それをすべて宮古でつくって、人の健康のために届けたい、そういう意図に、家族そろって協力してくれています。

宮古島では、外からものが入らなくなった時はガソリンなんて190円にバーンと上がるんですね。ですから、実際に私たちは、外からのものが入らなくても豊かに暮らせる島づくり、それが本当に永遠に続いていく、そして今の子どもたちやお孫さんたちが、また自分が生れた土地で暮らしてみたい、家族を持ちたいっていう島を残すのが私の使命と感じて、皆さんの力をいただきながら、活動しております。

宮古島はそういう現状です。また皆様のお力を拝借させてください。ありがとうございました。

中山：宮古島から離島麻プロジェクトの現状報告、ありがとうございました。

どうですか、この麻の精鋭たち。日本の歴史上初めて、明確で最高な麻法陣《まほうじん》ができあがりました。このメンバーが一堂に会して壇上にあがるという事は今までなかった事ですよね。

だから、記念すべきこの大麻草検証委員会第1回のイベントで、日本における麻の精鋭たちがそろった奇跡は、まさしく夜明けのアサの到来を意味していますね。

他にも、420ネットを主催されている根岸君。奈良からは、日本麻協会の代表である岡沼さん。麻に理解のあるお医者さんから神職の方まで、様々な方がこの国民会議に参加してくれています。心から敬意を表します。さあ、この精鋭たちを目の前にして、今から時間の許す限り質疑応答タイムに入ります。ここの精鋭たちを困らせるぐらいの質問が出てくる事を期待しながら、フリートーク・ディスカッションの始まりです。はい、そこの方、どうぞ。

質問者：大麻についての呼び方ですね、いわゆる大麻という事ではマスコミでは話せないという話がありますが、だとしたら麻ではどうなんだろうと思います。いわゆる大麻で進めるのか。それとも麻としてメディアに呼びかけなどをするのか。私は山に住んでいるものですから、大麻と麻とは別だと思ってる方が大変多いんですね。そのへんの誤解を解く、逆に言えばマスコミへの新たな一つのアプローチとして、呼び方をどうしていくかを聞かせて下さい。

中山：じゃあ、これに対して赤星君の見解を聞かせて下さい。

赤星：大麻、麻、ヘンプ、カンナビス、マリファナ、オオアサと、いろいろな単語があります。これこそ麻の多様性だと思っているんです。だから、いろんな人がいろんな角度で言っていくのがよいというのが私の見解です。

中山：ハイ、じゃあ前田さん。

前田：もし麻って言うんだったら、大麻取締法も麻取締法に変えていただきたい。

中山：実は今回の、大麻草検証委員会の名称に大麻草というように草を付けているのは、実はそのへんがあったんですよ。伝統的な人はアサ、またはオオアサという言い方をしていますし、神道の世界ではオオヌサとかジングウタイマ（神宮大麻）と呼んでいますし、産業的にやろうとしている人たちはヘンプと言っていますしね。

しかし、それはあらゆる分野の角度からの呼び方であって、植物の視点から見たら、大麻草という一つの植物なんですね。したがって今回、大麻検証委員会ではなくて大麻草検証委員会という名前にしたのも、植物としての大麻草の検証をしていく事で、様々な分野に活用できる大麻草の有用性と多様性を明確にしようという意味が込められているのです。

したがって、様々な呼称で読んだとしても、大麻草という事で一本化の理解になると考えます。

では、ほかに質問ありますか？　はい。

質問者：取扱者免許についてなんですが、ちょっと検討しています。最低限、必要な条件、例えば協力者であったり農地費用など、ざっくりとしたものでもあれば、教えてもらえると助かります。

中山：丸井先生、どうですか。法的な側面を含めて。

丸井：大麻取扱者免許は2種類ありますけれど、栽培と研究とどっちですか。

質問者：栽培の方で。

丸井：栽培ね。目的はどのようなものでしょう。

質問者：僕は社会活動として衣食住を山梨でやっているんですけれども、食に関しては農業、住に関しては山の中で大工さんといっしょに木を切っています。衣の部分で考えますと、絹か木綿、それかやはり麻、あとは皮ですね。その中で麻の活用について、何か検討できないかと考えています。

丸井：種も使うんですか。

質問者：種も、食に使えたらというところです。

丸井：種の活用と、茎の活用という事ですね。

大麻取締法上は、大麻の栽培を全面的に禁止しているのではなく、繊維、もしくは種を採取する目的で大麻を栽培する人には、免許を出すというような条文になっているんですね。大麻取締法第5条では、次のようになっています。

「第五条　大麻取扱者になろうとする者は、厚生労働省令の定めるところにより、都道府県知事の免許を受けなければならない。

2　次の各号のいずれかに該当する者には、大麻取扱者免許を与えない。

一　麻薬、大麻又はあへんの中毒者

二　禁錮以上の刑に処せられた者

三　成年被後見人、被保佐人又は未成年者」

この免許の欠格事由は、自動車の運転免許程度ですよね。大麻取締法の解釈上は第5条2項の欠格事由がない限りは免許を出すという構造になっています。

従って、大麻取締法は一面では大麻栽培等の規制法ですけど、他方、繊維もしくは種を採取する目的で大麻を栽培する人には、欠格事由が無いかぎり大麻栽培免許を与えなければいけないという法律であるというふうに解釈できます。またそうしなければ、麻産業に従事する事が出来ませんので、憲法第22条第1項で保証されている職業選択の自由に違反すると思います。

しかしですね、実際の実務の運用上においては厚生労働省の指導がありまして、とにかく栽培免許をできるだけ出さないという方針です。

これはね、伊香賀さんが先ほど言ってたような状況で、全国一律になるべく栽培免許を出さないような運用をしています。厚生労働省が、全国から都道府県の担当者を集めて会議をやるんですよ。そこでそういうような指示をしているようです。

私も今年某県で、大麻栽培免許申請手続きに関与しましたが、これは中山さんの時以来、直接行政当局と交渉をしたんですけれども、行政当局の担当者は、個人的には大麻草の有益性についても理解しますし、大麻取締法の解釈についても一切反論はしませんが、国の方針に従わざるをえませんと、こういう態度なんですよ。そうするとあなたは、県民の方をみてるんですか、国の方をみてるんですかなどといろいろ言ってもですね、個人的にはいう事はわかるけれども、とにかくそういう指導を受けてるからできないという態度です。

そしてこれは、全国的な状況です。このような行政当局の姿勢は、大麻取締法の解釈を乱用していると言えます。これが一番の問題なんですよ。だから私は、中山さんの時もそうで今年の某県の話もそうですが、行政訴訟を提起するという構えで、つまり行政訴訟に持ち込んで十分にやっていけるという材料をそろえまして、交渉に臨みました。その結果、栽培免許を取得しました。

また、行政当局には、大麻栽培免許申請について受理義務があります。ところが、行政当局は、大麻栽培免許の申請にきた人に対して、免許を申請しないように行政指導をしてるんですよ。しかし、栽培免許申請に対しては受理義務がありますから、申請するっていったら必ず受理しなければいけないんですよ。ただし受理した結果は、たとえば免許を与えないという処分をするというような事があるわけですね。

その場合には、行政不服審査法に基づいて、厚生労働省大臣に審査請求をする事ができますし、さらには免許を認めない処分に対してその取り消しを求める行政訴訟を提起する事も可能です。そのような場合には、免許を認めない事の不当性を社会的にも明らかにするという一つの社会運動を背景として、行政訴訟を取り組んでいく事が必要ではないかと思います。

たまたま私が関与したケースでは、免許を出さざるを得ない状況がそろっているから、これ以上免許をださないと行政訴訟になってしまうという事で、免許が出たと思います。

しかし、行政訴訟というのは普通の市民にとっては本当に大変ですよね。従って、行政当局の指導に従って、免許の申請を諦めているというのが現状かと思います。伊香賀さんの意見はどうですか？

伊香賀：そうですね。これはやはり、きちっと自分の姿勢を相手に伝える事です。薬務衛生課の窓口は、単に1対1で物事を判断していくので、活動がどうだとかこうだとかいう事は実際には関係ないのです。それとさっきの呼び方の問題に関しては、『大麻と言って下さい』と、『署名集めの書類などにも、麻とかヘンプとか書かないでください。大麻は大麻ですから』と、薬務衛生課の反論としてありました。

本当に窓口と申請者と1対1の中で共通理解してやっていくレベルにあるなというのを今、実感しています。ですから、窓口の担当者が門前払いをすると、それ以上はなし、諦める事になる。宮古の場合は、栽培特区を前提に農民一揆！　1人の100歩ではなくて100人の1歩という形でやっていくという事を目標にしています。

中山：このヘンプディスカッションも大麻が解禁するまで続く道理ですので本当にきりがないんですが、そろそろタイマーがなってますから締めくくりたいと思います。

とにかく今、丸井先生が言われたように、今日の命題は、国民会議と名が付いていますから皆さんも当事者の一人として、本日の歴史的な会を一つのステップととらえ麻を束ねるように、これから結束を固めて麻の葉陣形を作って、この日本国に麻を取り戻したいと思います。

そのためだったら僕等、本当に身と心を捧げる所存でおります。麻は人類の友達ですから、皆さんぜひ麻仲間になって下さい。

それと、今日のすばらしい記念すべき会に麻生さんと前田さんが来てくれまして、これで役者がそろいました。前田さんも麻生さんも、大麻草検証委員会のメンバーとなった事で、日本の麻の活動も新たなステージを迎えました。僕らが結束してやれば、出来ない事はないと思います。今の日本に、僕ら以上の麻の専門家はいないのだから……。

これからが本番です。夜明けの麻をみんなで分かち合う時が来ています。みんなの麻心と愛の力で麻開きと参りましょう！

皆さん本日の麻と人類文化を考える国民会議、麻ことにありがとうございました。

おおあさ様

作詞・作曲　観音バンド

おお！　あさ～　おお！　あさ～
おお！　あさ～　おお！　あさ～
おおあさ様は　神の草　天からの贈り物
はるか遠い昔から　神の儀式の捧げもの
どうしてなんだ　なぜなんだ　誰か教えてくれないか
こんな素敵な植物を　育てちゃダメなんて　何のため
タバコは誰でも　買えるのに　お酒は自由に　飲めるのに
とてつもなくいいもんだから　封印してるのさ
意識の革命おきちまうから　蓋をしてるのさ

おおあさ様は　神の草　天からの贈り物
おおあさ様で　村おこし　いちはやく解禁せよ

おお！　あさ～　おお！　あさ～
おお！　あさ～　おお！　あさ～

どこでも生えて　良く伸びる
人間よりも　古くからある
枯れてる土地に　種播いて　勝手気ままに　作ればいい
とてつもなくいいもんだって　みんな知ってるのさ
おおあさ開きで　健康的な　産業革命
おおあさ様は　神の草　天からの贈り物
はるか遠い昔から　神の儀式の捧げもの

おおあさ様で　村おこし　天からの贈り物
おおあさ様で　国おこし　いちはやく解禁せよ
おお！　あさ～　おお！　あさ～
おお！　あさ～　おお！　あさ～

資料1　大麻草検証委員会設立趣意書

大麻取締法は、立法目的が明記されておらず、保護法益も不明確であって、被害者なき法律の典型である。

大麻草検証委員会は、大麻取締法による人権侵害を止めさせ、平和な環境循環型社会の実現に寄与するため大麻の有効利用を推進するために、大麻取締法の運用の改善と改正を内閣（政府）及び国会（衆議院・参議院）に働きかけることを目的とする。

我が国は、日本国憲法の下、国民主権による議会制民主主義の国である。

当面の活動としては、国政選挙・地方選挙に於いて、大麻取締法の運用の改善と改正を約束する候補者・政党に投票をすることを呼びかけることと米国カルフォルニア州における大麻解禁に向けての住民運動と連帯して各種活動を行うこととする。

活動の企画実行は、上記の趣旨に賛同する賛同者及び世話人によって行う。

資料2　大麻の作用に関する研究報告　丸井英弘

（「地球維新vol.２」198〜210頁からの引用）

1　ラ・ガーディア報告

1938年9月13日ニューヨーク市における大麻問題について、当時の市長フィヨレロ・ラ・ガーディアが、ニューヨーク医学アカデミーに対して、ニューヨーク市における大麻問題について科学的、ならびに社会学的な研究を置くように、要請した。そこで、薬理学・心理学・社会学・生理学などの権威者たち二〇人が参加して『ラ・ガーディア委員会』が作られ、さらに警官六人が常勤者としてこれを助けて、系統的な大麻研究がおこなわれた。そして、1940年4月から41年にかけての研究の結果が1944年に発表された。そこでは、次のような結論が出されている。

1　大麻常用者は、親しみやすくて、社交的な性格であり、攻撃的とか、好戦的には見えないのが普通である。

2　犯罪と大麻使用との間には、直接の相関関係がない。

3　性欲を特別に高めるような興奮作用はない。

4　大麻喫煙を突然中止しても、禁断症状を起こさない。
5　嗜癖を起こす薬ではない。
6　数年に渡って大麻を常用しても、精神的・肉体的に機能が落ちることはない。
（小林司著『心に働く　薬たち』172〜173頁参照）

2　インド大麻薬物委員会報告

1893年から1895年にかけて行なわれたイギリス政府のインド大麻薬物委員会の報告は、全巻、3698頁からなっており、現在までに行われた大麻の研究の中でも群を抜いて完全で組織的なものである、といわれている。

アメリカ政府の国立精神衛生研究所の主任研究員で臨床医でもあるトッド・ミクリヤ　医学博士は次のように指摘されている（同氏が編集して発行した「MARIJUANA :MEDICAL PAPERS」という題名で1973年にOakland,California,USAのMedi-Comp Pressで発行された書物から私の責任で翻訳したものである）。

すなわち、「その内容の稀少性、そして多分その恐るべき膨大な規模のため、同報告の貴重な情報は、この問題に関する現代の文献の中に取入れられていない。これは実に不幸なことだ。というのも、今日アメリカで議論されている大麻に関する論争の多くは、このインド大麻薬物委員会の報告にすでに記述されているからだ。イギリス人植民地官僚による文書の、時の流れにも色あせない明晰性に驚嘆するとともに、その努力を評価したい。もし現代において、この報告の中で実現されているような厳密さと全般的な客観性の基準に達する諸研究グループが出来るなら、どんなに幸いなことだろう。」

そして、この委員会の報告は、結論として次のように述べている。以下は、ミクリヤ医学博士がまとめられた論文の訳である。

『委員会は、大麻に帰せられる影響に関して、全ての証拠を調べた。その根拠と結論を簡潔に要約するのがいいだろう。時々の適量の大麻使用は有益であるということがはっきりと確証された。しかしこの使用は薬用効果として考えられている。委員会が今、注意を限定しようとしているのは、むしろ大麻の通俗的で一般的な使用である。その効果を、身体的・精神的・または倫理的種類の影響に分けて考察すると便利である。

身体的影響

身体的影響に関して言えば、委員会は、大麻の適量の使用は実際上有害な結果をまったく伴わないという結論に達した。中には特異体質が原因で、適量の使用ですら有害になる例外的なケースもあるかもしれない。恐らく例外的な過敏者の場合、いかなる物の使用も有害でないとはいえないのだ。また特別に厳しい風土や激しい労働と長時間太陽にさらされているような環境においては、人々が有益な効果を大麻の習慣的な適度の使用のためだと考えているケースも数多くあり、この一般の考えが事実に基づいたある根拠を持っている事を示す証拠がある。

一般的に言って委員会の見解では、大麻の適度の使用はどんな種類の身体的な害の原因ともならない。しかし、過度に使用すれば害を生じさせる。他の陶酔物のケースについてと同様、過度の使用は体質を弱める傾向があり、また使用者をより病気にかかりやすくさせる。かなりの証人たちによって、大麻が原因だとされている特定の病気についても、過度の使用によってもぜんそくを生じさせない事がわかった。ただし、前述したように、体質を弱める事によって間接的に赤痢を生じさせるかもしれない。そしてまた、主に煙を吸込む行為によって気管支炎を生じさせうるという事もあるかもしれない。

精神的影響

大麻の精神的影響と言われているものに関して、委員会は、大麻の適度の使用は精神に有害な影響を与えないという結論に達した。ただし、特に著しい神経過敏な特異体質のケースでは、適度な使用の場合でも精神的損傷がもたらされる事はある。というのは、このようなケースでは、ごくわずかの精神　的刺激や興奮がそのような影響を及ぼす事があるからだ。しかしこれらの極めて例外的なケースを別にして、大麻の適度な使用は精神的な損傷をもたらさない。これは過度の使用の場合とは異なっている。過度の使用は精神的な不安定の兆しを示し、それを強化する。

倫理的影響

大麻の倫理的影響に関する委員会の見解によると、その適度の使用はいかなる倫理的損傷ももたらさない。使用者の人格に有害な影響を与えると信じるに足る妥当な根拠は存在しない。他方で過度の消費は、倫理的な弱さや堕落の兆しを示し、強める。

討議

この被験者を全体的に観察してみると、通常これらの薬物の使用は度を過ごす事はなく、極端な使用は比較的少ないという事を付け加えておくべきだろう。実際上、適度な使用は有害な結果を生み出す事はまったくない。最も例外的な場合を除けば、適度な使用を常習的に続けても悪影響が出るという事は認められない。

過度に使用した場合でも、はっきりした悪影響が認められない場合が多くあるが、そうした使用はかなり危険だという事をやはり認識すべきだろう。しかし、過度の使用が引き起こす悪影響はほぼ例外なく使用者自身に限られており、社会に対する影響を認識する事はほとんどできない。

大麻の影響を観察する事がほとんどできなかったという事が、今回の調査の最はっきりした特色である。社会の各層から選ばれた人たちの多くが大麻の影響を見た事がまったくないと証言している事、そうした影響をきちんと説明できるほど記憶がはっきりしている者の数が非常に少ない事、影響が認められるといわれたケースを調べてみると、直ちにそうでない事が判る場合が非常に多い事、これらの事実を総合してみると大麻が社会に及ぼす影響はほとんどなかったという事を最もはっきりと示している。』

更に、大麻の管理政策のあり方について、次のような、貴重な提言をしている。

『インド大麻薬物委員会は、薬物規制政策における政府の役割に関して、哲学的または倫理的観点からの考察をふまえて、正面から取り組んだ。そして、薬物取締り法は、贅沢取締り法として位置づけられ、その実施の可能性と個人及び社会への影響という観点から考察された。ある著名な歴史家（脚注：J・A・フロウドの英国史、第二版、第一章五七頁）は「いかなる法も、一般大衆の実用レベルの上にあっては何ら役にたたず、そうした法律が人間生活の中に入り込めば入り込むほど、違反の機会が増える」と述べている。こうした表現が封建制度下の英国で真実であるならば、今日の英領インドにおいては更に真実となる。この国の政府は内なる勢力からうまれたものではなく、上から与えられたものであって、こうした父子主義に基づく政治制度は、世論が形成される過程や国民のニーズが年々はっきりと表されるようになってくると、まったく観念的なものになってしまう。父子主義は一六世紀の英国や、インドのある地方における併合直後の初期の開発段階においてはふさわしいものであったといえるだろう。もちろんインドの立法府においても、幼児殺しやヒンズーの寡婦を火あぶりにする習慣に関する法律に見られるように、一般的には受入れられない倫理基準を時として予想する事があっただろう。しかし、こうした法案は、政府の影響力の及ぶ事情において倫理に関する一般の考え方をどうして　も変えなければならないという感覚と、時間の経過とともにこうした法案が社会の知識人から同意を得られるという確信から議会を通過してしまった。

ミルはその「政治経済学」の中の一章で不干渉の原則を論じているが、それによると政府の干渉には二つのタイプがあるという。

即ち、権力による干渉と勧告または情報の公表による干渉である。前者のタイプの干渉については、次のような所見が述べられた。即わち、「権力による干渉は、もう一方のそれと比べて合法的行為の範囲が非常に限られていることは、一見して明らかだ。如何なる場合においても、権力による干渉はそれを正当化する必要性が権力によらない干渉に比べより強くあるし、また人間生活においてはそうした干渉を絶対的に排除しなければならないところが多くある。社会の団結に関していかなる理論を取ろうと、またどんな政治制度のもとで生活しようとも、いかなる政府も、それが超人間的存在のものであれ、選ばれた者のものであれ、一般人のものであれ、絶対に踏込んではならない部分が人間一人一人のまわりに存在する。思慮分別ができる年齢に達した人間の生活には、いかなる個人または集団からも支配されない部分がある。人間の自由や尊厳に全然敬意を払わない者が投げかける疑問などを相手にしない部分が人間の存在の中にはあり、またなければならない。要は、どこにそうした制限を置くかということだ。自由に確保されるべき領域は、人間生活のどれほど広い分野を占めるべきなのか。その領域は、個人の内面であれ外面であれ、その人の人生にかかわる全ての分野を含み、個人への影響は、規範や倫理的影響を通してのみにするべきだ、と私は理解している。特に内的意識の領域、つまり思考・感情・ものの善悪・望ましいものと軽蔑するものとに対する価値観に関しては、それを法的強制力か単に事実上の手段によるかは別にして、他者に押し付けない、という原則が大切だと私は思う。そして例外的に他者の内的意識や行動を規制する場合には、立証責任は常に規制を主張する側にある。また個人の自由に法律が介入することを正当化する事実は、単なる推定上のものであってはならない。

自分がやりたいと考えていることが押えられたり、何が望ましいのかという自分の判断と逆の行動をとることを強いられたりすることは、面倒なことだけではなく、人間の肉体または精神の機能の発達を、感覚的あるいは実際的な部分にかかわらず、常に停止させる傾向がある。各個人の良心が法的規制から自由にならなければ、それは多かれすくなかれ奴隷制度への堕落に荷担することになる。絶対に必要なもの以外の規制は、それを正当化することはほとんどない」この言及を長々と引用した理由は、この見解が、政府が大麻薬物を強権をもって禁止すべきか否かを決定するための指導原則をはっきりと説明していると、本委員会が信ずるからである。』

私も、大麻規制のあり方としては、このインド大麻薬物委員会つまり、ミルの見解は、日本国憲法の基本精神と同じであり、それを具体的に表現したのが、第13条の幸福追及権であると考える。なお、インド大麻薬物委員会は、薬物（具体的には、大麻のことであるが）の使用を贅沢と位置付けているが、この贅沢という意味は、精神的幸福感という意味である。

したがって、大麻規制のあり方としては、ミルのいう政府の干渉の二つのタイプのうち、強制的な権力による干渉ではなく、勧告または、情報の公開という方法が、日本国憲法の趣旨に合致するのであり、現行の懲役刑という大麻の規制方法は、国民の幸福追求権を否定し、更には、自由な精神のありかたすなわち、思想・良心の自由を否定するものである。

3　WHOのレポート（№478、1971年）

このレポートは、1970年12月8日から14日まで11人の世界的な専門家が討議のうえ作成したものである。そこでは、大麻の作用について、次のように報告されている。

1　大麻を使っていると、それが飛び石になって、ヘロインその他の薬の中毒に移っていくという説（踏み石理論）は、確かでない。なお、この踏み石理論は、アメリカで、禁酒法時代に、アルコールを取り締まる根拠として、つまり、アルコールが、ヘロインなどの薬物中毒の原因になるとして、主張された理論である。

2　奇形の発生はない。

3　凶暴な衝動的行動は、稀である。

4　犯罪と大麻の因果関係は、立証されていない。

5　耐性の上昇、すなわち、同じ効果を得るのに必要な使用量の上昇は、ほとんど　見られない。

6　体的依存すなわち、その使用を止めると、汗が出るなどの禁断症状はない。

7　多くの常用者には、精神的依存が見られる。しかし、この精神的依存いうことは、例えば、珈琲や煙　草、お酒、さらには、お菓子が好きな人が、また、飲みたいなとか、食べたいなと感じる気持ちのことであって、大麻だけの特徴ではないし、格別、刑事罰を持って規制しなければならない作用ではない。かりに、この精神的依存性が、刑罰を科する根拠にされることがあれば、例えは、ご飯が好きな人は、ご飯に精神的に依存しているということになり、ご飯禁止法を作らなければならないことになってしまうのであり、この考えが、極めて不合理なことは、明らかである。（『心に働く薬たち』小林司著　筑摩書房発行　180～181頁参照）

4　大麻と薬物の乱用に関する全米委員会報告

ニクソン大統領は、1971年に前年に議会を通過した薬物規制法に基づき前ペンシルベニア州知事のロイヤルドシェイファを委員長とする大麻と薬物の乱用に関する委員会を設置した。この委員会は、保守派といわれる13人の委員によって、構成されており、1年に及ぶ調査の後、1972年3月に『マリファナ：誤解の兆し』と題するレポートを発表し、更に1973年には、最初のレポートと結論を同じくする最終報告を提出した。

この報告の結論であるが、生田典久氏が、ジュリストの№654の42～43頁で、次のように簡潔にまとめられている。

1　大麻には、耽溺性がない。
2　大麻使用と犯罪またはその他の反社会的行動との関連性はない。
3　大麻使用は、ヘロインなど危険な薬物への足掛かりにもならない。
4　長期間の大麻常用者には、ある程度の耐性が生じることがあり得るが、その程度は、煙草以上のものではない。
5　大麻の使用者も大麻自体も公衆の安全に対して、危険な存在を成しているとはいえない。

5　フランス国立保健医療研究所の報告

1998年6月17日付けパリ発の共同通信ニュース速報では、「題名：酒、たばこは大麻より危険　仏研究所が調査報告」との見出しで次のように報じている。

『17日付のフランス紙ルモンドは、国立保健医療研究所のベルナールピエール・ロック教授のグループがこのほど、アルコールやたばこは大麻より危険だとの研究報告をまとめた、と一面トップで報じた。

同紙によると、これは「麻薬の危険度調査」で、調査対象の各薬物について「身体的依存性」「精神的依存性」「神経への毒性」「社会的危険性」など各項目ごとに調査した。

その結果、アルコールはいずれの項目でも危険度が高く、ヘロインやコカインと並ぶ最も危険な薬物と位置付けられた。たばこは鎮静剤や幻覚剤などと並んで、二番目に危険度の高いグループ。大麻は依存性や毒性が低く、最も危険度の小さい三番目のグループに入った。

調査は、フランスのクシュネル保健担当相の指示で実施された。同紙は「この研究結果は、ソフト・ドラッグ（中毒性の少ない麻薬）消費の合法化の是非をめぐる論争に火を付けるだろう」と報じている。』

6　米国立保健研究所（NIH）と米科学アカデミーの報告

1999年5月22日付けの朝日新聞は、次のように報じている。

「米政府は21日、マリファナを医療研究用に販売するためのガイドラインを発表した。マリファナは、エイズやがんの痛みなどにも有効とされ研究者は研究目的が承認されれば、購入することができるようになる。入手を容易にして研究を進めるのがねらいだ。ガイドラインの発効は12月で、価格は未定という。マリファナは、カルフォルニア州など数州などは医療用の使用を認めているが、連邦法は禁じている。これまでは厚生省の厳重な管理の下、ミシシッピ大学で栽培され、連邦政府の予算で研究が認められてた研究者に無料で配付されてきた。今後は身元のはっきりした研究者であれば、購入できる。マリファナの有効性については、米国立保健研究所（NIH）が1997年8月米科学アカデミーが今年3月、エイズやがんに伴う痛みなど、ほかに治療法がないような症状に対して効果があり、かつ目立った依存性もないとの報告をまとめている。医療用のマリファナは、患者団体や研究者から解禁を求める声が出る一方、乱用のおそれもあるとして、議論の的になっており、政府は慎重な態度をとってきた。」

資料3　大麻の個人使用の非犯罪化を求める市民団体　カンナビストの紹介

カンナビストの主張

大麻（マリファナ）は、科学的に見てアルコールやタバコと比べても有害性が高いとはいえない。このような大麻を大麻取締法によって取り締まり、刑事罰を科すことは不当な人権侵害ではないだろうか。

私たちは、大麻について少量の個人使用に限り、犯罪とは切り離して考える、いわゆる「非犯罪化」を提案する。私たちは、大麻に対する社会的偏見をただし、真に自由で暮らしやすい社会を創っていきたい。

理不尽な日本の大麻取締り　　麻生　結

この数年、テレビや新聞、雑誌は大麻事件のニュースを大きく報道してきた。芸能人やスポーツ選手、力士、学生が大麻で逮捕されると連日、朝から晩まで、こと細かに報じ続けている。生活に直結したニュースや政治、経済、他にもっと報じなければならない出来事があったはずなのに、大麻は、そこまで重大な事件、凶悪犯罪なのだろうか。

どのメディアも、大麻には、どんな危険性、有害性があるのかといった最も基本的な事実については、ふれない。これは、とてもおかしな事だ。大麻を持っていたから「悪い」「悪い」と大騒ぎするばかりで、大麻のどこが悪い」のか、ほんとうに「悪い」のか、その大本、基本的な事実については、曖昧なまま、ふれようとしない。

なぜ、ふれないのだろうか？ そこにふれるとまずい事があるからではないか。もし、事実を報じたら、今の大麻敢締りを続けていく上で、不都合な事実があるからではないか。言論の自由があるはず日本で、こと大麻に関しては、報道の自主規制が行われていると言っても過言ではない。

何を報じないのか、具体的にあげてみよう。まず、現在の大麻の取締りは間違っていると訴えている人たちがたくさんいる事をあげよう。例えば、大麻取締りの見直しを求めて、都心で１０００人規模のデモが行われている。東京だけでなく、大阪、札幌でも同じ主張を掲げて「マリファナ・マーチ」が行われている。ごくふつうの若者たちが、自分の意思で、これだけ集まり、街頭でデモをして、社会的にも無視できない状況になっているのだ。

次に、大麻には、人に刑事罰を科すほどの大きな有軍性はない。過去30年以上、日本で、大麻により健康を害したり、病気になったり、事故を起こしたりしたケースは起きていない。これは厚生労働省も認めている事だ。お茶やコーヒー、そしてタバコ、酒といった嗜好品は、とりすぎると体によくない事は誰もが知っている。大麻の有害性は、それら嗜好品と同じようなレベルか、大きくかけ離れたものではない。

そして、大麻事件の裁判で、国は、大麻の有害性を示せない事が明らかになっている。裁判所も、最終的に、大麻が有害なのは「公知の事実」であると、何とも曖昧な事しか述べていない。

公知の事実とは、世間に広く知られている事と言った意味で、客観的な、科学的な根拠はない事を示している。取り締まる側、裁く側が、大麻が有害であると説明する事ができないのである。

こうした基本的な事実を、メディアは、なぜ報じる事ができないのだろうか。こんな理不尽な大麻取締りを続けているのは、世界の主要国で、日本だけだ。イギリス、フランス、ドイツ、スペインをはじめとするEUの主な国々、ロシア、カナダ、オーストラリアでは、大麻規制の緩和が進み、どこの国でも、逮捕され刑事罰を科すような犯罪とは見なされなくなっている。

大麻により、毎年3000人近い市民や学生が逮捕されている。何週間も自由を奪われ、長年勤めていた仕事を失う人たち、学籍を失う人たちがたくさんいる。家庭生活ができなくなったり、自殺者も出ている。毎年、毎年、こんな事が繰り返されている。

大麻の問題はシンプルだ。そんなに害のないものに、重い刑罰を科しているのは、おかしいという事に尽きる。大麻の所持を最高懲役5年とした法律（大麻取締法）は、本来、罪のない人を罰しているという意味において、人権を侵害している法律であり、一刻も早く改めるべきである。

カンナビスト事務局　http://www.cannabist.org/
〒154―0015　東京都世田谷区桜新町2―6―19―101
TEL／FAX03（3706）6885　Eメール　info@cannabist.org

資料4　現代の日本における大麻草関連政策の変遷（2011年1月24日現在）

大麻法の根拠と規制緩和を求める動き（1992年〜現在）

国の構造改革特区への申請、裁判闘争、情報開示請求などを経て、大麻法を管轄する厚生労働省や財団法人麻薬・覚せい剤乱用防止センターとの対話によって、大麻法の制度的問題を指摘し、大麻の有害性の根拠がなく、医科学的な検討がまったくなされていない事が明らかとなった。

1992年（平成4年） 脳内マリファナと呼ばれる内因性カンナビノイド「アナンダミド」が発見された。この発見の前後に1988年にカンナビノイド受容体で神経細胞に多いCB1の発見、1998年にカンナビノイド受容体で免疫細胞に多いCB2の発見、1995年に日本の帝京大学でもう一つの内因性カンナビノイド「2―AG」が発見された。脳内マリファナとその受容体の発見によって、なぜ人体に大麻草の有効成分（THC等のカンナビノイド）が効くのかが知られるようになり、世界中でカンナビノイドの医学・薬理学分野の研究が進展した。

1997年（平成9年） 民間で初めて大麻取扱者免許が許可された。これ以後、いくつかの都道府県で農業もしくは伝統分野で新規の大麻取扱者免許が許可された。

薬物乱用対策推進本部設置（本部長：内閣総理大臣）

ＷＨＯ（世界保健機関）レポート「大麻：健康に関する展望と研究課題」が発行された。「これまでのところ、退薬症候群の生成について一般的な合意がない。」と述べられ、大麻の医療使用について、さらに研究を進める事を指摘した。

WORLD HEALTH ORGANIZATION:Cannabis : a health perspective and research agenda

原文（http://whqlibdoc.who.int/hq/1997/WHO_msa_PSA_97.4.pdf）

日本語訳（http://www.asayake.jp/thc2/）

1998年（平成10年） 依存性薬物情報研究班（編）「依存性薬物情報シリーズ№９大麻乱用による健康障害」厚生省薬務局麻薬課１９９８年、全１３５頁、アメリカで発行された「マリファナと健康―連邦議会に対する第８次年報（１９８０）」の翻訳を中心に薬物専門家によって書かれた冊子。これ以降は、大麻に関して政府レベルの検討が一切されていない。

1999年（平成11年） １９９６年のカルフォルニア州の医療大麻の合法化を受けて、アメリカの国立医薬研究所（Ｉ・Ｏ・Ｍ）レポート「マリファナと医薬品」を発行した。大麻の医療使用に関しては「大麻は喫煙の害を除けば、大麻使用による有害作用は他の医薬品同様の許容範囲内におさまる程度」と結論づけた。喫煙の害に関しては、気化吸引器（ベポライザー）を使えば問題はない。また、大麻の喫煙が他の薬物へのステップとなるゲートウエイ（飛び石）仮説については「マリファナが、その特有の生理的作用により（他の薬物への）飛び石となっている事を示すデータは存在しない」と結論づけた。

IOM報告（原文）http://www.nap.edu/openbook.php?record_id=6376

IOM Q&A（日本語訳）http://asayake.jp/pdf/IOM99Q&A.pdf

2001年（平成13年） 平成13年3月13日付厚労省医薬監麻発第294号大麻栽培者免許に係る疑義について。ここで免許の交付は、伝統工芸の継承もしくは生活必需品として生活に密着した必要不可欠な場合という2つの基準が厚労省通知（平成13年3月13日付け厚労省医薬監麻発第294号）によって示された。

2003年（平成15年） 構造改革特別区域法（平成14年法律第189号）の第4次提案で、長野県美麻村が産業用大麻特区を申請したが、特区しては認められなかった。

特区の内容は、大麻取締法第1条に規定する「大麻」の定義からの低毒性産業用大麻品種の除外、産業用大麻の免許要件の緩和（都道府県知事免許から市町村免許への権限移譲）、大麻栽培者による産業用大麻栽培用種子の輸入解禁の3点であった。

２００４年（平成16年）　構造改革特区の第5次提案および第６次提案で、岩手県紫波町が「麻による農業６次産業化構想」をまとめ、麻栽培免許の交付要件の緩和（産業用利用を目的とする麻栽培を追加）の特区を申請したが、特区としては認められなかった。

市民団体カンナビストにより、（財）麻薬・覚せい剤乱用防止センターのホームページに記載された大麻摂取を原因とする17項目の身体的影響、大麻が原因の二次犯罪の情報、16項目の海外の最新情報の所有について、情報公開法に基づき、厚生労働省に開示請求をしたところ、すべて開示請求に係る行政文書を保有していないという回答であった。この回答により、（財）麻薬・覚せい剤乱用防止センターのホームページの記載された身体的影響が日本国内で一例も確認されていない事が明らかとなった。

http://www.cannabist.org/database/koukaiseikyu200404/index.html

前田裁判の判決が下った。（詳細は、２２０頁参照）

無承認無許可医薬品の指導取締りについて（昭和46年6月1日薬発第４７６号）の厚労省通知の改正（平成16年3月31日薬食発第０３３１００９号）「医薬品の範囲に関する基準」（別添２）により、「専ら医薬品として使用される成分本質（原材料）リスト」において生薬原料が収載。ここで麻子仁（非加熱）は医薬品、麻子仁（加熱処理）は食品と区分された。

２００５年（平成17年）　桂川裁判では、大麻法の違憲性、有害性の根拠について最高裁まで争ったが、過去の最高裁判例（昭和60年）により、合憲であり有害性は公知の事実とし、大麻法の罰則をどのようにするかは国会の立法裁量に委ねられているとの解釈を改めて示した。しかし、裁判内容を見ていくと、検察側の提出した4つの資料の有害性の根拠は、弁護側によって互いに矛盾点が多く根拠がない事が示された。特に2004年の情報開示請求により、大麻摂取の身体的影響の事例や根拠が不明である事が明らかとなった（財）麻薬・覚せい剤乱用防止センターのホームページが有害性の根拠の資料として扱われた。

http://asayake.jp/modules/report/index.php?page=article&storyid=125

2006年（平成18年） 第十五改正薬局方で、局外規扱いだった漢方薬の生薬およびその原料が収載された事に伴い、麻子仁も医薬品となった。

構造改革特区の第12次提案で、全国16地域・会社で21件分を「産業用大麻の種子の輸入規制緩和」特区として申請を実施した。この特区の背景には、栃木県で開発された低THC品種の「とちぎしろ」が県外不出としているため、新規に大麻栽培者免許を取った方が、種子の確保ができないという問題に起因する。低THC品種は、EUやカナダの種子会社が保有しており、そこからの輸入が可能となるような規制緩和を厚労省と経済省に求めたが、すべて特区としては認められなかった。厚労省の2つの通知により、大麻種子は、輸入時に非発芽処理が義務づけられており、現状では栽培用に輸入した種子であっても非発芽処理がされる。

①輸入割当てを受けるべき貨物の品目、輸入の承認を受けるべき貨物の原産地または船積地域その他貨物の輸入について必要な事項の公表を行なう等の件（昭和41年4月30日通商産業省告示第170号）

②輸入のけし、大麻種子の取扱について（厚生省通知：昭和40年9月15日薬務一第238号）

財団法人麻薬・覚せい剤乱用防止センターのホームページの大麻の記述が根拠となる論文が記載されていない事を指摘し、身体的影響と精神的影響に分けて市民団体の大麻報道センターの医師による検証を行い、ホームページの記載の見直しを要望したが、管轄する厚労省と（財）麻薬・覚せい剤乱用防止センターともに無回答であった。

厚生労働省との対話　大麻報道センターのホームページを参照。
http://asayake.jp/modules/report/index.php?page=article&storyid=874
（財）麻薬・覚せい剤乱用防止センターとの対話　大麻報道センターのホームページを参照。
http://asayake.jp/modules/report/index.php?page=article&storyid=875

2008年（平成20年） 厚生労働省所管の（財）麻薬・覚せい剤乱用防止センター「ダメ。ゼッタイ。」ホームページの根拠がアメリカの薬物標本の説明書「DRUG EDUCATION MANUAL」を翻訳し、一般的情報を追加した「薬物乱用防止教育指導者読本」（平成9年3月発行）がベースになっている事が市民団体の大麻報道センターによる情報公開法のやり取りによって行政文書と

して原文が存在する事が明らかになった。（平成20年1月24日府情個第112号）
厚労省の情報公開による異議申立
http://asayake.jp/modules/report/index.php?page=article&storyid=607
日本の公的大麻情報
http://www.asayake.jp/modules/report/index.php?page=article&storyid=921
野州麻の生産用具361点が3月13日付けで国の重要有形民俗文化財に指定。
栃木県立博物館では文化財指定を記念して企画展を開催した。
北海道北見市が国の構造改革の北海道版のチャレンジパートナー特区に8月8日付で「産業用大麻栽培特区」に認定され、大規模栽培に向けた種子確保やTHC検査体制などの環境整備の議論が始まった。

2009年（平成21年） 薬事法改正により便秘薬の麻子仁丸（マシニンガン）とその原料は一般医薬品の第二類医薬品、マシニンの外用剤（ヘンプオイル）は第三類医薬品に分類された。

厚生労働省医薬食品局監視指導・麻薬対策課による麻薬等関係質疑応答集（平成21年3月版）が発行された。大麻関連では、医療大麻は禁止されている事、大麻取扱者の免許交付審査の注意点などが明記された。

スパイスゴールド等の合成カンナビノイド入りのハーブが流通している実態に対応した措置と

して、薬事法の一部を改正する法律（平成18年法律第69号）の指定薬物制度で、合成カンナビノイドの3種類（JWH-018、CP-47497、カンナビシクロヘキサノール）を規制（厚生労働省令第百四十九号）した。

平成21年8月25日薬事・食品衛生審議会指定薬物部会議事録

http://www.mhlw.go.jp/shingi/2009/08/txt/s0825-1.txt

麻薬に関する単一条約によって設立された国際麻薬統制委員会（ＩＮＣＢ）は、これまで大麻の医療使用について否定的であったが、２００９年次報告書では「大麻あるいは大麻抽出物の医療における有用性に関する健全な学術的研究を歓迎しており」と変更している。

International Narcotics Control Board (INCB)　http://www.incb.org/

Report of the International Narcotics Control Board for 2009を参照

２０１０年（平成22年） 山崎裁判（平成22年特（わ）第５４１号）により、弁護側が昭和60年最高裁決定という古い判例は現在の科学的知見と乖離している点などを論証した。その結果、一審判決では、従来、大麻取締法の違憲を主張する裁判では必ず判例として示されていた昭和60年最高裁決定が引用されず、「公知の事実」とされていた大麻の有害性については、「薬害等の詳細がいまだ十分解明されていない」とされた。

司法の場では、害の詳細が未解明にも関わらず、懲役刑が科されるという事態が生じている。

山崎裁判については大麻報道センターのホームページを参照。

http://asayake.jp/modules/report/index.php?page=article&storyid=1863
厚生労働省のホームページに「国際機関による大麻関連の報告など」に関する文献情報の翻訳が掲載される。

明治、大正、昭和、平成までの近現代の大麻草政策の変遷については、大麻草検証委員会のホームページをご参照下さい。本文で取り上げた部分は、その政策の変遷の一部である。

大麻草検証委員会　http://www.taimasou.jp

資料5 「医療大麻裁判」（通称、前田裁判）、被告人の意見陳述、判決

この裁判では、裁判官は大筋では「大麻の医療使用についても立法の裁量権に属する」という判決を下したが、大麻の医療使用は大麻取締法第4条により「例外なく」禁止されているにもかかわらず、大阪地裁は「仮に使用が正当化される場合があるにしても、（中略）その使用を正当化するような特別な事情があるときに限られる」と例外を認める判決を下した。

判決では医師の診断、医学的な必要性、医学的な配慮があったとは認められないと決め付けたが、特別な事情というのがどのようなものであるか、また大麻の臨床試験と研究が禁止されている現状で医学的必要性、配慮を求めるのは矛盾しているとの前田の高裁控訴趣意書に対して、裁判所は見解を明らかにすることができなかった。

判決は大麻の医療使用禁止が前田の言うように違憲であるとまではいえないものの、①日本における大麻規制が半世紀前の占領当局による押し付けで根拠のないものである点、②他の麻薬類は医師の管理のもとで使用が可能であるのに大麻を例外なく規制するのは不合理である点、③諸外国で大麻の医療研究と使用が認められ、癌の鎮痛効果などに成果をあげている点、④アメリカやWHOが医療使用について研究を推奨している点など前田が提出した様々な証拠に鑑み、我国の大麻の医療使用禁止に一石を投じた形となった。「立法の裁量権に属する」との判断は、国民に立法運動を通してこの問題を解決することをすすめるものと受け止めることができる。

平成15年（わ）第7113号大麻取締法違反謡助被告事件

被告人　前田耕一

被告人陳述

（はじめに）

今回、私は中島らも氏が大麻を入手するのを幇助したという罪状で起訴されました。しかし私は無罪だと確信しておりますし、関連して逮捕された桂川氏、中島氏もこの件に関しては無罪であるべきと考えております。それは大麻取締法が第4条で「大麻から製造された医薬品を施用し、または施用のため交付すること」と「大麻から製造された医薬品の施用を受けること」を例外なしに禁止することで、国民の幸福追求権と生存権を保障した憲法に違反しているからです。

今回の事件に関連した私、中島らも氏、桂川直文氏の3人がそろって証言していますように、今回の大麻譲渡は、中島らも氏の緑内障治療という医療目的から行われたものです。緑内障には決定的な治療法がなく失明率も高いこと、そして大麻が眼圧を最大25%下げるなど緑内障の治療に効果があることは、国連（WHO）報告や欧米の医療大麻研究ではよく知られている事実です。国連は緑内障治療のための大麻の可能性について、今後も研究を継続すべきだという見解を明らかにしており、緑内障患者の多い我が国においても、当然、研究が期待されるところです。

（厚生省の医療大麻規制には根拠がない）

１９７６年の厚生省発行の小冊子「大麻」によれば、大麻は戦前から医薬品として使用され、日本薬局方で「印度大麻草」「印度大麻草エキス」「印度大麻チンキ」が鎮痛、鎮静、催眠剤などとして収載され、１９５１年の第五改正日本薬局方まで収載されていたと書かれています。同小冊子によれば、「実際にはあまり使用されず、第六改正日本薬局方において削除され、それ以後、収載されていない」となっています。しかし、仮に、実際にあまり使用されていなかったのが事実としても、それをもって大麻の医療使用を懲役刑でもって禁止する根拠とならないのは明らかです。

また、この小冊子には、１９００年代初めごろから、大麻を含む麻薬・向精神薬に関する国際条約が何度か締結され、我が国もそれらを批准してきたと書かれています。１９６１年に締結された「麻薬に関する単一条約」では「医療目的への使用までは禁止しなかったものの、ヘロインと同等の厳しい国際統制下に置くことにした」となっています。しかしいずれの国際条約も、医療目的の使用禁止までは求めておりません。実際、これら条約の批准国であるアメリカの薬物規制法においても、大麻は厳しく規制されてはいるものの、医療試験などの研究には使用の道が開かれており、１９８０年代には、患者を対象に臨床試験が実施されています。イギリスでも同様に、人間を対象とした臨床試験が行われており、研究成果が報告されています。

つまり、厚生省の見解であるこの小冊子のどこをみても、大麻の医療使用を例外なしに禁止する合理的な理由はありません。

（医療用大麻禁止のいきさつ）

大麻は1948年に制定された大麻取締法により、医療使用が禁止されました。当時、軍事占領下にあった日本政府に対して、アメリカ占領軍は大麻栽培の全面禁止を要求してきました。国会議事録によれば、当時の農林水産省は、我が国の主要農産物であった大麻栽培を、免許制を導入することで、全面禁止の要求から守ろうとしました。一方、厚生省はアメリカ軍の大麻禁止の理由が大麻に含まれる麻薬成分だと知り、大麻からの医薬品の製造および使用を、例外なしに禁止しました。国会議事録によれば、大麻の麻薬性、危険性、あるいは医薬品としての効果の有無などについて、ほとんど審議されていないばかりか、麻薬性があると聞いて、何かの間違いではないかと思ったと、当時の担当者が証言しています。大麻の農産物としての栽培認可という目的のために、医療用途を犠牲にしたか、あるいは当時の厚生省関係者は、大麻の医療使用に関心が薄かったものと思われます。つまり、1948年の大麻の医療使用禁止は、科学・医学に基づいた根拠があったわけではなく、したがって1976年の厚生省の小冊子にも、禁止の理由が明示されていないのもうなづけます。

（大麻の危険性）

大麻取締法は国民の健康を守るという理由でもって、有害性の高いとされる大麻を規制し、その違反者を懲役刑に処してきました。しかし、前述の厚生省発行の小冊子「大麻」によれば、有害性の根拠は、ほとんどが外国の研究論文によるものであり、あとは僅かにネズミなどを使用した動物実験による毒性を証明するための試験以外にありません。違反者を逮捕投獄する以上、我が国としては、大麻の有害性について、外国の資料にのみ依拠することなく、しかも動物ではなく人間を対象とした科学的・医学的な独自の調査をしなければなりません。しかし、大麻取締法は第4条でもって、「何人も大麻から製造された医薬品を処方してはならないし、処方されてもならない」と規定しているため、有害性についても、あるいは医薬品としての可能性についても、臨床試験で科学的・医学的に確認することができず、その努力も怠ってきました。

一方、大麻の有害性については、国連（WHO）もこの30年間で大きな変化があったと認めているように、これまで言われてきたような強い依存性も耐性の上昇もなく、アルコールやタバコほどの致死量がないことも確認されています。

（大麻の医療価値の再認識）

1980年代になって、それまでまったくないとされてきた大麻の医療価値が再認識され始めました。1971年には医療価値について否定的（THE USE OF CANNABIS, REPORT OF A

WHO SCIENTIFIC GROUP)だった国連ＷＨＯは、１９９７年には医療大麻の研究を続けるべきである(CANNNABIS：A HEALTHE PERSPECTIVE AND RESEARCH AGENDA)と発表し、アメリカにおいても、１９９９年、国立医薬研究所が2年間の研究結果をまとめたＩＯＭレポートを公表し、医療大麻の研究の必要性を明らかにしました。またイギリスでは政府による数千人を対象にした臨床試験が行われました。

大麻の医療価値の再認識は、１９９０年代に脳内カンナビノイド受容体と、内因性リガンドが発見され、加速されました。この発見により、大麻の薬理作用がモルヒネと同様の作用機序をもつことが解明され、新しい医薬品の製造に大きな可能性が開かれました。

〈海外における医療大麻〉

医療大麻の価値が再認識されたことにより、欧米では医療目的の大麻の使用が始まり、医薬品の開発も始まりました。アメリカではカリフォルニア州をはじめ、8州で末期ガンの鎮痛、エイズ患者の食欲増進などのための使用が合法化され、カナダでは政府が民間に大麻栽培を委託し、必要な患者に支給することも可能になりました。オランダでは医師の処方箋にもとづき、一般の薬局で医療用の大麻が購入できるようになり、ベルギーも同様の政策をとるとされています。

イギリスでは今年1月29日、大麻がカテゴリーＢからＣに移行され、少量の所持が逮捕の対象とならなくなり、それにともなって医療使用にも大きく道が開かれました。イギリスではＧＷ製薬が大麻から抽出した鎮痛剤を開発し、近く、バイエル社が販売を開始する計画があります。

一方、我が国においては旧態依然とした大麻取締法があるため、医療研究すらままならず、大麻による治療の可能性がまったく閉ざされているばかりでなく、創薬においても欧米に大きく遅れをとっているのが実情です。これは国民の健康を守ることを目的とする大麻取締法の精神にも反することであり、また、国際競争の激しい医薬製造業界にとっても大きな損失であることは言うまでもありません。

(日本の医療大麻研究)

欧米先進国における医療大麻の実例と可能性に関する情報を得て、日本でもようやく医療大麻の研究が始まりつつあります。来る3月7日には日本薬理学会が開催され、医療大麻の可能性について5人の学者・研究者の発表が行われます。これまで毒性と有害性の研究に比重が置かれていた日本の大麻研究も、医薬品の可能性という観点から科学的・医学的な研究が進められることになりますが、ここでも、大麻取締法第4条により、臨床試験ができないという点が問題となっています。医薬品の開発と製造には臨床試験が必須ですが、現在の大麻取締法はそれを不可能にし、創薬の可能性を閉ざすものでしかありません。(ほかに効果のある医薬品があるはず?)

大麻ではなくてもほかに効果のある薬があるのではないか、という疑問が一般的に言われます。もちろん大麻以外にも効果のある医薬品はたくさんあります。難病といわれる多発性硬化症のような治療の困難な病気にも、ステロイドなどの医薬品がないわけではありません。ただ、効果が限定的だったり、副作用が強いなどの限界があり、大麻による治療に望みがかけられています。

また例えば末期がんの痛みについては、場合によってはモルヒネ以上の鎮痛効果があり、モルヒネとの併用でさらに効果が増すことも報告されています。特に神経系の疼痛については、ほかの鎮痛剤より高い効果が確認されています。大麻はほかの医薬品と比較しても、毒性および副作用に関して安全性が高いという報告があります。

大麻製剤により、治療の可能性が拡がるなら、使用してはならない理由はありません。医療大麻は医薬品と治療方法の選択肢を広げ、病人の治療の可能性を広げます。本件の中島らも氏の緑内障治療についても、治療の選択肢のひとつとして合法的に選択できる道があれば、当然のことながら逮捕には至らなかったのです。

また大麻から製造された医薬品ではなく、化学合成されたＴＨＣ（大麻の活性成分）を使用すれば十分だという主張もありますが、大麻の活性成分は３００種を超え、そのすべてを化学合成することはできません。また、医薬品の製造および利用にあたり、活性成分の抽出あるいは含有植物そのものの使用を非合法とするのは、まったく合理性がありません。

〈大麻の精神薬理作用と医療使用〉

最近の判例では、大麻に「思考分裂、時間・空間感覚の錯誤、離人体験等をもたらし、長期の常用により、無気力・無感動を呈し、判断力・集中力・記憶力の低下をもたらすなど一定の精神薬理作用がある」ことをもって大麻規制が合理的であるとされることが多い。しかし、これらの精神作用はアルコールの酩酊でも見られるものであり、薬理作用が消滅したあとも、このような症状が残ることはまずありません。また大麻に精神薬理作用があるからという理由で、大麻の医療使用を禁止するのは不合理です。なぜなら、その精神薬理作用を医療目的に利用することも可能だからです。最近の研究では、大麻による依存性薬物からの脱却、鬱病、不安、睡眠障害、神経性食欲不振、精神的障害などにも効果があることが研究されています。大麻の精神作用が不快であれば、患者はほかの医薬品を選択することもできますし、アメリカの医薬研究所では、大麻のいわゆる多幸感が患者の病気回復に与える好影響について、さらに研究を続けるべきだという結論を出しているほどで、精神薬理作用があるからという理由でもって、医療使用を禁止することには合理性がありません。本件で逮捕された中島氏も、「大麻を喫煙して、病気と闘う気持ちがでてきた」と証言しています。もし、仮に長期の常用が有害だとしても、医療目的で医師の管理のもとで使用する場合には、使用期間の管理がなされるはずで、問題にはならないと言えます。

（最後に）

以上、医療大麻の禁止には合理的な根拠がないこと、大麻の有害性についての認識が変化してきたこと、欧米先進国で大麻に医療価値があることが再認識され、医療使用と医薬品開発がすすんできたこと、日本でも大麻製剤の輸入・開発・臨床が必要であるにもかかわらず、大麻取締法がそれらを阻んでおり、健康を求める国民の利益に反していることについて述べてきました。

病気で苦しむ人たちには、効果の可能性のある医薬品を試す権利があるはずです。患者さんと家族の方たちの、健康を取り戻したいという切実な声に真摯に耳を傾け、厚生労働省が一刻もはやく、医療大麻研究に道を開き、医療関係者がその有効性を研究することができるよう、法改正を含めた法的措置をとることを心から要望します。

裁判官には大麻取締法の問題点をご理解いただき、病気に苦しむ人たちの救済につながるような判決をお願いしたいと思います。

資料6　麻と人類文化を考える国民会議　1017　参加者アンケート結果

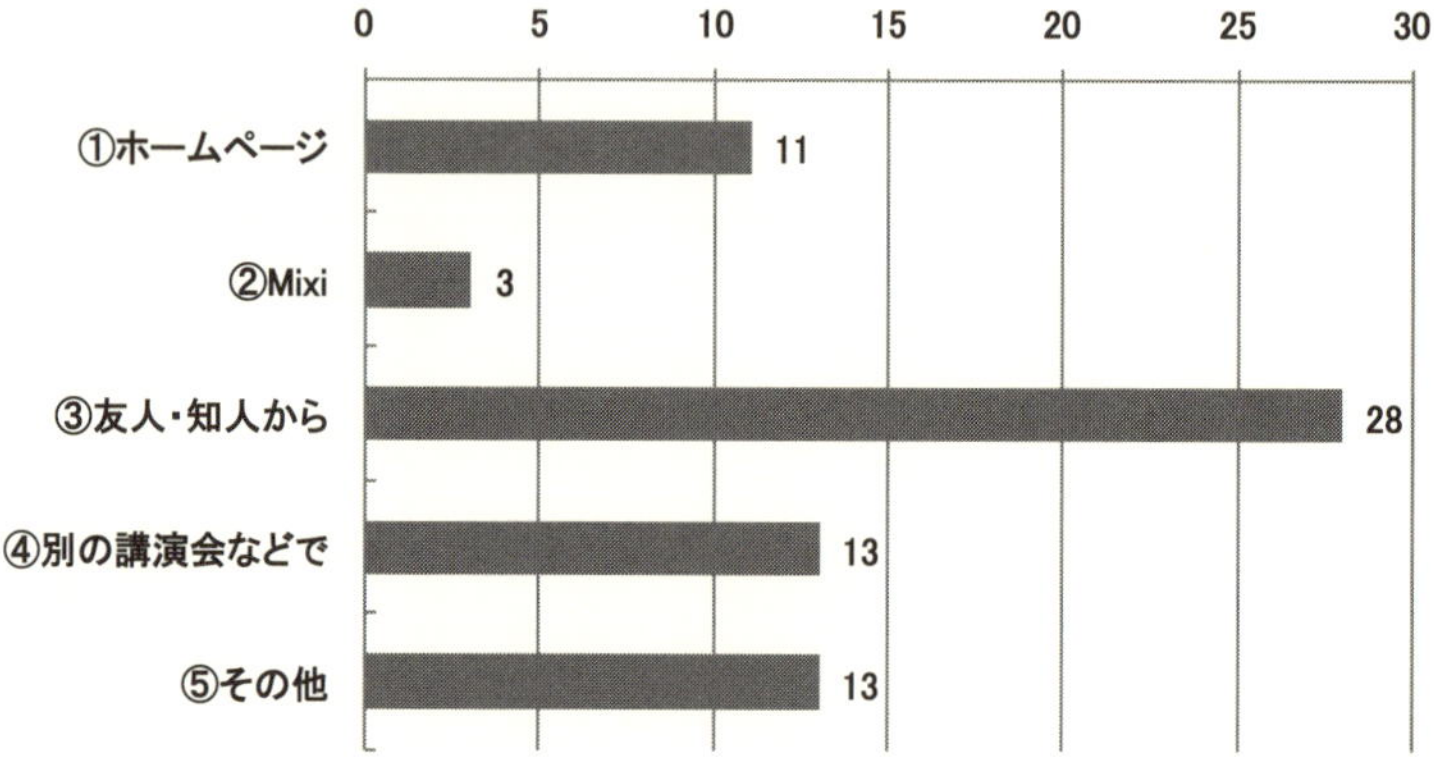

参加者数　：173名（農業高生・先生18名除く）
回答者数　：68名　有効回答率：39，3％

1）このイベントはどこで知りましたか？

(解説)

本イベントは、新聞や雑誌などで告知を一切していない。イベントを知ったのは、友人・知人という回答が最も多く、一定の口コミ効果があった事がわかる。

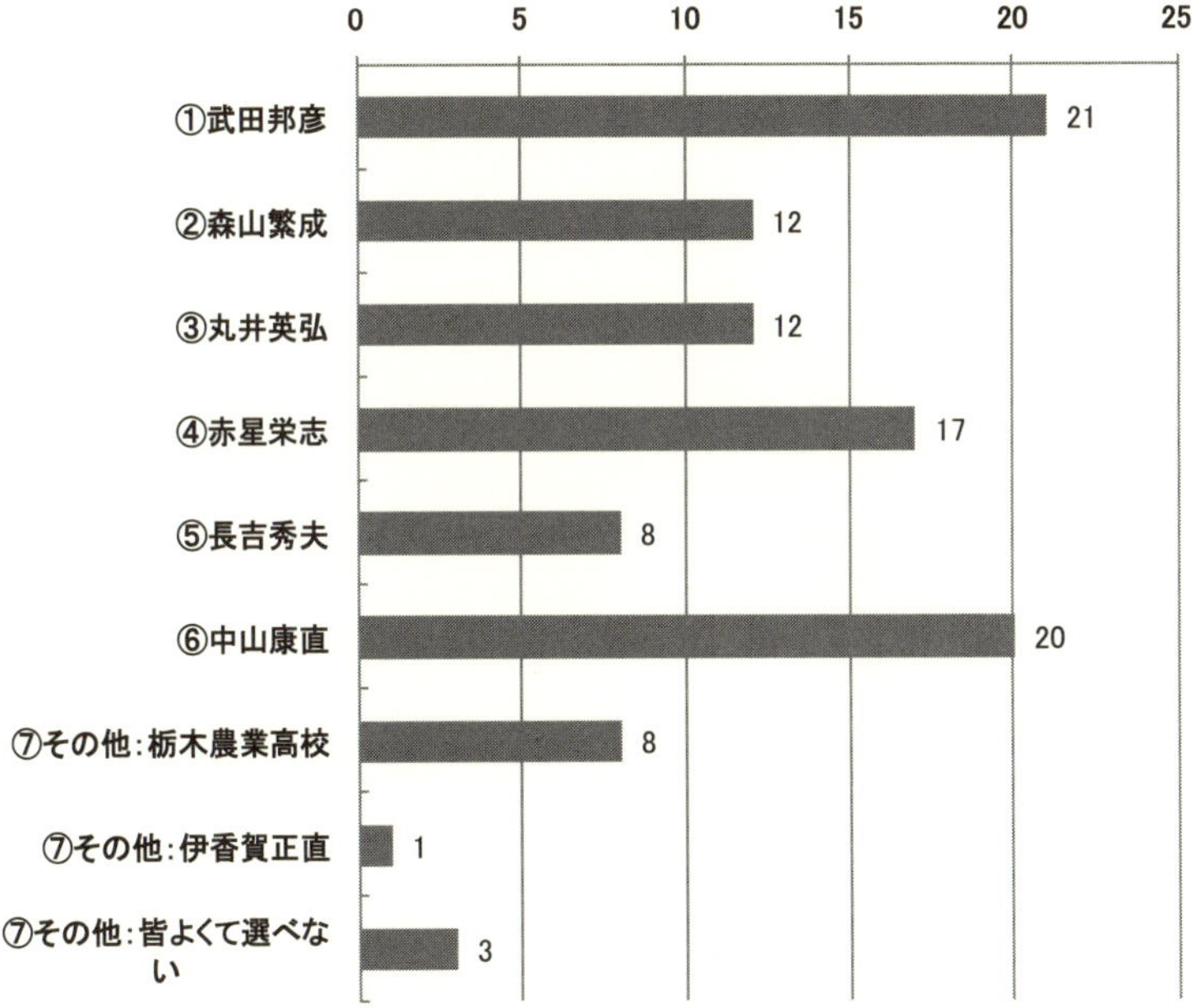

２）講演者の内容で最も印象に残った人は誰ですか？

（解説）

アンケート結果で最も印象に残ったのは、①武田邦彦と次に②中山康直であった。上位２名の共通点である日本人の特性、日本の歴史文化、精神性に関する話題に共感を得た人が多い事がわかる。本アンケートは、第一部のみで退席する方を想定して作成したため、栃木農業高校は「その他（　）」の空欄扱いであったが、8名から支持を受けていた。この項目では、他の人を選択していても、自由記載の欄で栃木農業高校生の内容に絶賛の声が多数あった。また、その他の皆よくて選べないという方や全員に○をつけている方も複数見られた。

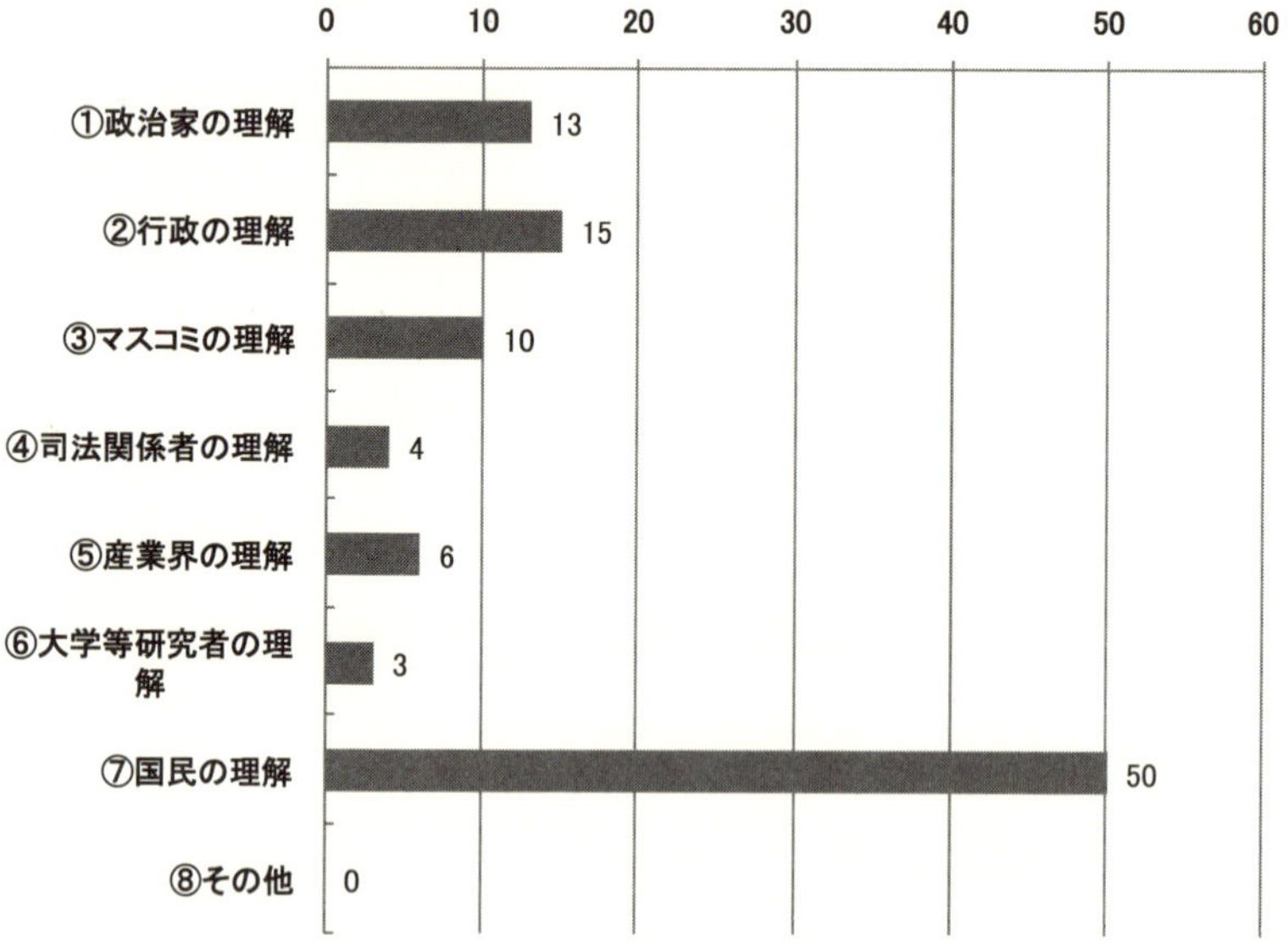

3）講演を聞いて大麻取締法の見直しのために最も必要な事はどのような事だと思いましたか？

（解説）

有効回答者68名中50名（約73％）の方が、政治、行政、マスコミなどの理解よりも、まずは国民の理解が最も必要な事として捉えている。大麻草検証委員会の活動は、国民の理解を深めていくためにどうすればよいのかを常に念頭におく事が求められている。

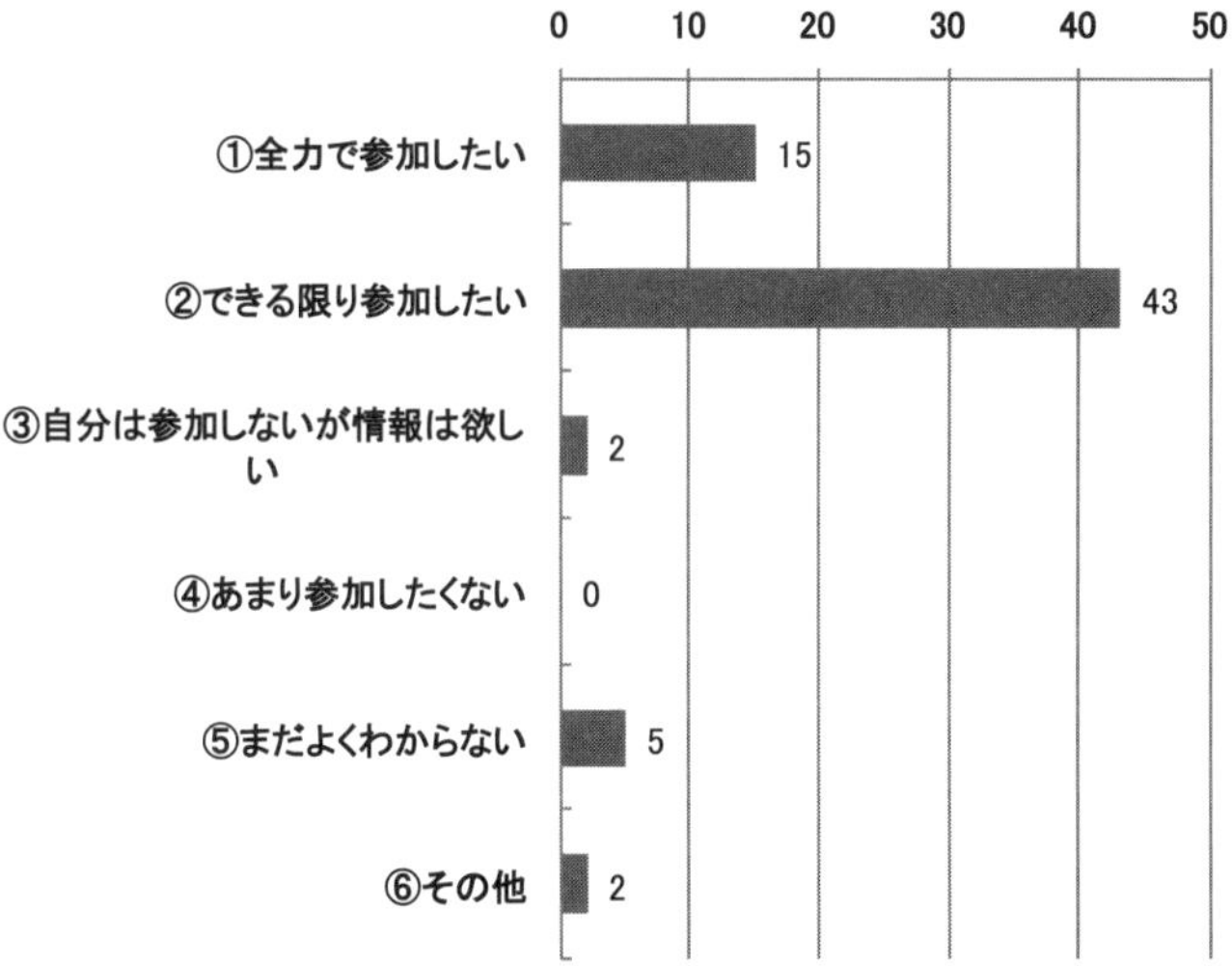

4）今後の大麻草検証委員会の活動に参加したいですか？

（解説）

アンケートに回答した方のほとんどが、②できる限り参加したい、①全力で参加したいという方で占められていた。今後の活動については、できるだけ多くの方が少しずつでも参加できるような内容や組織体制にしていく事が課題となるであろう。

5）講演の感想、意見、批判、活動したい内容、イベント内容の改善点などあれば自由にお書き下さい。

・高校生の活動に感動して涙がでました。実際に体験している方の報告が一番心を打たれました。私も体験したいです。

・いろんな分野の話が聞けてよかったです。特に高校生の発表に、素材としての麻、産業としての麻の具体的な内容を知る事ができました。今後もバランスよく、様々な分野を巻き込みながらの活動を期待しています。中でも産業、医療での活用に関心があります。

・自分もまわりの人たちに大麻の事を伝えられるようになりたいと思います。特に栃木農業高校のみなさんの研究活動内容には大変感動しました！！　勉強になりました。素晴らしいイベントに出席できて本当に幸せに思います。ありがとうございました。

・伝統工芸に興味があります。後継にたずさわれるようなイベント等ございましたらぜひ参加したいです。

・様々な専門家の方々のお話を聞かせていただき、麻についての重要性を再認識しました。今、私ができる事として麻製品（食品や化粧品）を使い、麻の素晴らしさを実感しております。主人が精神的な病のため、化学的な薬品での治療ではなく、植物からできた麻を利用できる事を願っております。

・大麻について知識を持たずに参加しましたが、とても感激致しました。私自身もガン患者ですが、必要とされている患者さんやまたまったく知らないままの患者さんのためにももっともっと広く発信してほしいです。また参加できるイベント、勉強会、活動モデルなど知りたい事がたくさんあるなと深く思います。

・大麻については〝教育上教えられた〟事しかボキャブラリーがありませんでしたが、今回大麻についての考え方が変わりました。この〝迫害〟から一刻も早く麻を〝救出〟しなければならないと思いました。ありがとうございました。

・大麻草という一つの植物に対してこれだけの切り口がある事が非常に面白いと思いました。大麻というものがもっと一般に理解されれば、たくさんの方向性から大麻取締法を撤廃していく事ができると感じました。時代は応援していると思います。

・麻（＝大麻）の正統、正しい理解を推進させるための大麻取締法の成立の経緯、アメリカの占領政策、各国の麻に対する理解、民族の特質、国の政界の現状を多くの視点から見直す機会があったのでとても参考になった。

・次の選挙は、衆議院、参議院選同時に行われると思います。この時には必ず候補者を出してほしいと思います。過去と未来の麻問題についてよくわかりました。

今はまだ当国民会議も色々な思いがあると思いますが、麻の人類文化の見地から将来的な取り組み、ビジョンを示していただければより多くの賛同が得られると思います！

あとがき　〜世明けの麻〜

大麻草検証委員会　世話人　中山康直

本書をお読み下さいまして、大麻草検証委員会一同、心より感謝と御礼を申し上げます。誠にありがとうございました。

日本には、現在「大麻取締法」という、ある意味恐ろしい法律が存在しています。

本書でもお伝えしているとおり、この法律は、大麻に何らかの問題や弊害があって立法された法律ではなく、戦後GHQによって、日本の心髄を封印するために、むしろ押し付けられた理不尽な法律です。この法律のために逮捕された側だけでなく、実は逮捕した側もあらゆる面で多大な被害を被っており、日本国においても、税金と時間と労力の無駄遣いでもあり、時代遅れの政策といえます。国家にとっては、伝統や文化、大和の精神性の損失にも値します。

押し付けられた法律なので、具体的かつ正確な検証すら行われていませんから、当然、憲法で保証されている国民主権、基本的人権、平和主義を冒す法律にもなっています。現政府はこのカラクリに、ほとんど気づいていません。なぜなら、戦後からのアメリカの占領政策により情報操作された経緯があり、いつしか麻という植物が薬物となってしまっている事で、その真実を理解できにくい事や、石油のような不合理な地下資源に依存する事から、対立や競争、あげくの果ては戦争という軍事複合産業の世界に加担せざるをえなくなり、特権階級意識の目線重視で、真実の目が働きません。

つまり、和を大切にしていた日本において、すべての面でまったくの不調和となってしまっている、国家及び国民が犠牲となる法律なのです。

しかし、この法律が現日本に存在していて、日々、法律による被害者が出ているのですから、この悪法を少しでも改善し、社会の矛盾を学び、真に平和な社会への貢献活動に繋げる意味で、有志によって大麻草検証委員会が設立されました。

その大麻草検証委員会の記念すべき第一回目の歴史的イベントが「麻と人類文化を考える国民会議１０１７」であり、本書は、その内容をさらに皆さんと共有していき、日本の明るい未来への気づきとなるように書籍化しました。


本書のタイトルを「大麻草解体新書」とさせていただいた理由は、杉田玄白らが翻訳した有名な「解体新書」をイメージしています。

解体新書は、江戸時代の１７７4年に刊行した西洋の解剖学書であり、人体の解体書ともいえる、当時の画期的な医学書でありますが、大麻草解体新書は、末期的な現代社会における大麻に対しての古い固定観念にメスを入れ、各分野に可能性という一石を投じ、大麻草を解体して認識を新たにし、真実を目の当たりにしていただこうという麻の有志たちの熱い思いが込められているのです。

大麻草検証委員会として、まずは、様々な社会問題を抱えている現代において、それらの諸問題を具体的に解決していく「大いなる麻」という天然資源を誠実に検証していく事を関係各所に提案する事から始めています。

～知ってるようで知らない、当たり前の麻ことのはなし～

☆日本では、古来より、麻の地名や麻の字のつく名前が多く、伝統作物であった
☆地下資源である石油の代替になる、安全で無尽蔵なバイオマス循環の地上資源
☆大麻に含まれる薬理成分が理由で規制されたのではなく、占領政策による規制
☆神社の注連縄《しめなわ》、鈴縄《すずなわ》、御幣《ごへい》、弓弦《ゆみづる》等の神聖なものは、大麻繊維から出来ている
☆日本においては、神道や伝統文化と関係する植物であり、大麻と麻は同じ植物

その上で、さらに具体的なこれからの取り組みとして、以下の二本柱を現実的に進めていくサポート体制の構築が必要とされます。

☆大麻取締法にそって、伝統的かつ産業的に大麻の栽培業務をしていく
☆医療等、人権的に大麻草を必要とする人たちへの規制緩和と法改正

日本人にとって、麻のある自然生活は当たり前の文化だったわけですから、麻のある暮らしの現代的な復活は日本人共通の使命なのではないでしょうか。是非とも検証委員会を温かく見守っていただき、世明けの麻開きの時を分かち合える事を願ってやみません。

今一度、日本の心を象徴する国草として、麻がどれだけ多岐にわたって、日本の文化や国民の生活を支えてきたか、思い出してみて下さい。

こんなに有用性と多様性があり、伝統的な植物のどこが、麻薬なのでしょうか？

麻薬というのなら、現代社会は資源の利権で公然と戦争というバッドトリップをしているし、環境と健康を破壊しているのだから、石油の方が麻薬とはいえないだろうか。大麻が麻薬であるという日本の常識は、もはや、世界の非常識となっている事を知っていますか？

伊勢神宮においても、外宮の豊受大神《とようけのおおかみ》をお米、内宮の天照大神《あまてらすおおみかみ》を麻として、国家鎮護の二柱としています。

私たち日本人の遺伝子には、太古からの麻との思い出や伝承が、確実に刻まれている事もお忘れなきように……。

65歳以上の方には、麻の畑で遊んだ思い出や、麻の繊維をとる作業を手伝った記憶をもつ先輩たちもたくさんいるはずです。

私たちが暮らすこの地球には、様々な資源エネルギーが存在しています。石油等の地下資源から植物等の地上資源、そして、空間に存在するといわれるエネルギーまで、その中で人類にとって不可欠であり、真に理にかなった資源エネルギーは、植物しかありません。便利快適なものに限っていえば他にもあるかもしれませんが、便利快適だけでは人間の生命活動は計れません。

生命原理としての完全共生における相互関係があるのです。植物と動物の呼吸の循環、植物を着て、植物を食べて、植物の家に住み、植物のエネルギーで移動する理想的な自然の道理。その中で麻は、太古から人類の友達でした。

自然は素晴らしい、人智や理屈を超えている。だからこそ、自然にあるものを当たり前に上手に活用させていただける真にロハスな社会を創造しよう。その社会に麻は、なくてはならない作物であるがゆえ、麻のある社会は、平和な社会を意味しているのです。

最後になりましたが、明窓出版様と大麻草検証委員会の世話人及び最高な麻の面々たち、さらに本書に関係するすべての存在に一同心から感謝申し上げます。あさがとうございます。

そして、２０１０年10月17日の当日にお越しいただいた参加者の皆様にもこの場をお借りしまして、大麻草検証委員会一同、心から感謝を捧げます。

みんなの思いがつまった本書の働きが、日の本弥栄《いやさか》の世明けの麻に結ばれる事を信じてやみません。

大麻は天照大御神の化身と言われています。つまり、鏡の中の自分です。
あなたの中にいるあなた自身が本書に反応したとしたら、あなたは世明けの麻の民なのかもしれません。

あさてらされて　あなたのひかり
わのこころあい　やまとのよあけ

地球維新の志士のひとりとして

中山康直

大麻草《たいまそう》解体新書《かいたいしんしょ》

大麻草《たいまそう》検証委員会編《けんしょういいんかいへん》

明窓出版

平成二十三年四月二十日初版発行
発行者――増本　利博
発行所――明窓出版株式会社
〒一六四―〇〇一二
東京都中野区本町六―二七―一三
電話　（〇三）三三八〇―八三〇三
FAX（〇三）三三八〇―六四二四
振替　〇〇一六〇―一―一九二七六六
印刷所――シナノ印刷株式会社
落丁・乱丁はお取り替えいたします。
定価はカバーに表示してあります。

＊本書は、カバーに麻紙（麻福ヘンプペーパー　ヤンガートレーディング株式会社提供）を使用しています。

ISBN978-4-89634-279-6

ホームページ http://meisou.com

オスカー・マゴッチの
宇宙船操縦記 Part2

オスカー・マゴッチ著　石井弘幸訳　関英男監修

深宇宙の謎を冒険旅行で解き明かす——

本書に記録した冒険の主人公である『バズ』・アンドリュース（武術に秀でた、歴史に残る重要なことをするタイプのヒーロー）が選ばれたのは、彼が非 常に強力な超能力を持っていたからだ。だが、本書を出版するのは、何よりも、宇宙の謎を自分で解き明かしたいと思っている熱心な人々に読んで頂きたいからである。それでは、この信じ難い深宇宙冒険旅行の秒読みを開始することにしよう…（オスカー・マゴッチ）

頭の中で、遠くからある声が響いてきて、非物質領域に到着したことを教えてくれる。ここでは、目に映るものはすべて、固体化した想念形態に過ぎず、それが現実世界で見覚えのあるイメージとして知覚されているのだという。保護膜の役目をしている『幽霊皮膚』に包まれた私の肉体は、宙ぶらりんの状態だ。いつもと変わりなく機能しているようだが、心理的な習慣からそうしているだけであって、実際に必要性があって動いているのではない。

例の声がこう言う。『秘密の七つの海』に入りつつあるが、それを横切り、それから更に、山脈のずっと高い所へ登って行かなければ、ガーディアン達に会うことは出来ないのだ、と。全く、楽しいことのように聞こえる……。(本文より抜粋)

定価1995円

オスカー・マゴッチの
宇宙船操縦記 Part1

オスカー・マゴッチ著　石井弘幸訳　関英男監修

ようこそ、ワンダラー《放浪者》よ！

本書は、宇宙人があなたに送る暗号通信である。

サイキアンの宇宙司令官である『コズミック・トラヴェラー』クゥエンティンのリードによりスペース・オデッセイが始まった。魂の本質に存在するガーディアンが導く人間界に、未知の次元と壮大な宇宙展望が開かれる！

そして、『アセンデッド・マスターズ』との交流から、新しい宇宙意識が生まれる……。


本書は「旅行記」ではあるが、その旅行は奇想天外、おそらく20世紀では空前絶後といえる。まずは旅行手段がＵＦＯ、旅行先が宇宙というから驚きである。旅行者は、元カナダＢＢＣ放送社員で、普通の地球人・在カナダのオスカー・マゴッチ氏。しかも彼は拉致されたわけでも、意識を失って地球を離れたわけでもなく、日常の暮らしの中から宇宙に飛び出した。1974年の最初のコンタクトから私たちがもしＵＦＯに出会えばやるに違いない好奇心一杯の行動で乗り込んでしまい、ＵＦＯそのものとそれを使う異性人知性と文明に驚きながら学び、やがて彼の意思で自在にＵＦＯを操れるようになる。私たちはこの旅行記に学び、非人間的なパラダイムを捨てて、愛に溢れた自己開発をしなければなるまい。新しい世界に生き残りたい地球人には必読の旅行記だ。　定価1890円

高次元の国　日本　　飽本一裕

高次元の祖先たちは、すべての悩みを解決でき、健康と本当の幸せまで手に入れられる『高次を拓く七つの鍵』を遺してくれました。過去と未来、先祖と子孫をつなぎ、自己と宇宙を拓くため、自分探しの旅に出発します。

読書のすすめ（http://dokusume.com）書評より抜粋
「ほんと、この本すごいです。私たちの住むこの日本は元々高次元の国だったんですね。もうこの本を読んだらそれを否定する理由が見つかりません。その高次元の国を今まで先祖が引き続いてくれていました。今その日を私たちが消してしまおうとしています。あ゛ーなんともったいないことなのでしょうか！　いやいや、大丈夫です。この本に高次を開く七つの鍵をこっそりとこの本の読者だけに教えてくれています。あと、この本には時間をゆっーくり流すコツというのがあって、これがまた目からウロコがバリバリ落ちるいいお話です。ぜしぜしご一読を！！！」

知られざる長生きの秘訣／Sさんの喩え話／人類の真の現状／最高次元の存在／至高の愛とは／創造神の秘密の居場所／地球のための新しい投資システム／神さまとの対話／世界を導ける日本人／自分という器／こころの運転技術～人生の土台

定価1365円

世界を変えるNESARAの謎

～ついに米政府の陰謀が暴かれる～

ケイ・ミズモリ

今、「NESARA」を知った人々が世直しのために立ち上がっている。アメリカにはじまったその運動は、世界へと波及し、マスコミに取り上げられ、社会現象にもなった。
富める者が世界を動かす今の歪んだ社会が終焉し、戦争、テロ、貧富の格差、環境問題といった諸問題が一気に解決されていくかもしれないからだ。近くアメリカで施行が噂されるNESARA法により、過去に行われたアメリカ政府による不正行為の数々が暴かれ、軍需産業をバックとした攻撃的な外交政策も見直され、市民のための政府がやってくるという。NESARAには、FRB解体、所得税廃止、金本位制復活、ローン計算式改定、生活必需品に非課税の国家消費税の採用など、驚愕の大改革が含まれる。しかし、水面下ではNESARA推進派と阻止派で激しい攻防戦が繰り広げられているという。

今後のアメリカと世界の未来は、NESARA推進派と市民の運動にかかっていると言えるかもしれない。本作品は、世界をひっくり返す可能性を秘めたNESARAの謎を日本ではじめて解き明かした待望の書である。

定価1365円